历史街道精细化规划研究——上海城市有机更新的探索与实践

伍 江 沙永杰 著

Elaborated Planning of Historical Streets: A new perspective on organic urban regeneration in Shanghai

Jiang WU Yongjie SHA

前言

迈向一种基于有机更新目标的城市规划

一、从增量型到存量型——中国城市发展模式的重大转型

改革开放四十年，中国创造了史无前例的城市化奇迹，为世界所瞩目。从 1978 年到 2017 年初，中国城镇化水平从 18% 提高到 57%，城镇居民的数量从 1.7 亿增长到 7.9 亿；2011 年，我国城镇人口占总人口的比重首次超过 50%；预计到 2030 年，我国 14.5 亿人口中将有 70% 生活在城市中。像上海这样的超大城市，其发展速度更为惊人。截至 2016 年，上海的城镇化率已达 88%，高居全国首位，其常住人口规模超过 2400 万，建设用地面积超过 3100 平方公里（是 1979 年的 12 倍有余），已初步进入全球城市的前列。

不过，这也催生了一种激进的、以“增量”为基本导向的城市发展模式：一方面，鼓励城市边缘向外快速扩张蔓延，开发各类“空地”（实质上侵占了大量的农业和生态用地），满足指数级上升的建设用地需求，以疏解高密度人口和功能为市中心带来的压力，并实现产业转型；另一方面，在城市中心区倡导大规模、运动式的旧改，以实现城市能级的快速提升以及城市面貌的“现代化”。尽管后者表面上是一种存量状态下的土地开发建设，但究其本质，城市的规划者、建设者和开发者们基本上是以看待一张白纸（Tabular rasa）的态度来规划、设计与重建这些旧改区域，他们尚未意识到其上那些待拆建筑物及其他建成环境要素的价值与意义。因此，总体上，这仍旧是一种以“大拆大建”为基本手段的增量型城市开发建设模式。

如今，随着存量时代的来临，“城市更新”正在成为城市科学研究和城市建设实践中一个越来越重要的词汇，上海、广州、深圳等城市先后出台了“城市更新实施办法”和“城市更新实施细则”。[1] 但事实上，“城市更新”并非新鲜事物，前述的“旧改”恰恰是一种过于简单粗暴的“城市更新”形式。这种形式背后的观念理路和价值逻辑更令人忧心，作为一种带有鲜明达尔文式进化论线性逻辑的城市发展理念，它不仅将“新”的价值序列永远置于“旧”之前，而且认为“新”即意味着“变”，只有快速地“变”，不断“去旧求新”，城市文明才能保持其先进性和优越性。按照这一逻辑，“更新”即等同于“去旧”，“大拆大建”才是城市发展的唯一途径。尽管在改革开放初期，这种发展模式的确解决了不少城市建设的历史欠账，但随着城市化进程的深入，其弊端也日渐暴露，尤其是对不可再生的城市建成遗产造成重大威胁、形成大面积的破坏。此外，唯经济论、重量轻质、见物不见人、粗放型管理、刚性思维等诸多不断受到研

1.2009 年 12 月 1 日，深圳市人民政府施行《深圳市城市更新办法》，2012 年 1 月 21 日发布并施行《深圳市城市更新办法实施细则》；上海市人民政府 2015 年 5 月 15 日印发《上海市城市更新实施办法》，2017 年 11 月 17 日印发《上海市城市更新规划土地实施细则》；2015 年 12 月 1 日广州市人民政府发布《广州市城市更新办法》并于 11 日发布配套文件，2016 年 1 月 1 日起施行，2018 年 11 月 2 日广州市城市更新局发布《关于深入推进城市更新工作的实施细则（征求意见稿）》。

究者问诘的当代中国城市建设与管理的典型特征也是这一观念逻辑在不同维度、不同层面的映射，并导向了中国城市诸多的问题和瓶颈，包括风貌高度同质化、公共空间匮乏、空间尺度非人化、公众参与不足、社区封闭隔离、环境污染严重、能源耗费巨大、抗灾能力薄弱、土地资源紧张等，严重威胁到中国城市的可持续性。

近年来，随着新常态语境下中国经济发展速度的放慢与结构性调整，城市建设也进入一个相对平缓的发展期，某些城市甚至出现了“收缩”（shrinking）的趋势，上述问题愈发明显，各种由此引发的社会、文化、生态矛盾愈发尖锐。在这种情况下，对城市发展方向的新思考开始推动对城市发展模式的新探索，提升城市发展内涵品质的新要求，开始对既有的外延式扩张发展路径提出理论与实践的双重挑战。越来越多的城市远景蓝图的构想者和实施者已经认识到，我们正站在一个中国城市发展的历史节点上，发展模式的“转型”不可避免。因此，在进入到 21 世纪的第二个十年之后，伴随 2013 年中央城镇化工作会议的召开、2014 年《国家新型城镇化规划（2014—2020 年）》的颁布、2015 年中央城市工作会议的举行，以及 2017 年《关于加强生态修复城市修补工作的指导意见》的发布等一系列重要事件，各种指向未来城镇存量化发展的方针政策陆续出台，以存量优化为目标的城市修补已成为研究热点，并出现以存量转型为目标的规划实践探索，如《深圳市城市总体规划（2010—2020）》《上海市城市总体规划（2017—2035 年）》等。包括雄安新区规划，从启动之初就全面体现了内涵发展、底线思维、尊重地域文化和生态基底等与存量式发展理念一致的基本原则。这些趋势性的转变开始对我国的城市规划与建筑学科的发展方向提出新的要求。

二、基于有机更新目标的城市规划理论架构

当代“城市病”的肆虐有各种复杂的历史、经济与社会原因，并不能完全归结为规划层面的问题。但作为一个基于前瞻性思维和理性精神来谋划城市未来空间发展与资源利用的学科，城市规划绝不能甘于现状、故步自封，对当下城市发展的困境与危机束手无策；而是应当勇于创新变革，在全面甄别与诊断既有规划理论方法症结的基础上，提出面向新发展模式的全新规划理论架构与技术方法体系，从而形成新的研究与实践范式。

基于对我国当代城市规划的深度观察，我们认为目前存在三大基本问题：

一是结构系统离散化：在现行学科与行业体制下，规划体系尚未实现结构上的统一与整合。比如，土地规划与空间规划、保护规划与发展规划、生态规划与建设规划等存在不同程度的脱节，这导致城市宏观发展不协调、功能结构不均衡、发展目标不统一。

二是控制引导指标化：现行的规划体系注重通过量化指标实现对大尺度、大规模的城市建设与改造的调节和管控，但在微观层面对小尺度、小规模和日常性的改造活动尚缺乏精细化的治理方法，而事实上后者却对城市环境品质具有显著影响。

三是思维逻辑工程化：快速但尚不健全的城市化发展，加剧了复杂城市系统在外部扰动（气候变化和多种灾害）影响下的脆弱性，当代的城市规划固守工程思维逻辑，缺乏与其他学科的交叉，无法主动应对各种不确定性，在理念和方法上已无法适应新的城市发展阶段。

针对上述三大问题，我们提出必须要建构一种基于“有机更新”目标的城市规划理论与方法。“有机更新”是 20 世纪 80 年代末由吴良镛先生在探索北京旧城改造途径的过程中提出的重要概念，在菊儿胡同“新四合院”体系的实践中得到应用，并对此后的当代中国城市更新设计实践产生了广泛而深远的影响。它将城市视为有机体，城市中的建筑单体及其形成的组群单元为“细胞”，在强调对城市肌理整体性保护和延续的同时，实现破败街区的功能更新与环境品质的逐步提升，倡导一种小规模、渐进式的城市更新模式。一方面，我们高度赞同这一具有极强预见性的城市设计理念，在大拆大建为主旋律的年代，它为历史名城的保护性开发利用开创了一种新的模式；另一方面，我们也认为，随着中国城市发展进入新的历史阶段，面对严峻的存量转型任务，“有机更新”的意义将不再仅限于历史街区的保护与更新，而是扩大到城市整体的动态可持续发展。因此，我们应当重新界定这一概念的内涵与外延，建构一种更具普遍性、广义的“有机更新”。

在吸收诸多当代城市理论的基础上，这一广义的“有机更新”理念更加丰满和完整。从这一视角出发，城市是鲜活的生命有机体，一旦诞生，就有其自身的特定基因。当城市生长到一定阶段，随着各构成系统的成熟，便开始具有自主性和独立性，有其自身发展与演变的基本逻辑。城市的规划、设计、建设与管理都应当尊重与顺应这一逻辑。判断城市的发展与更新是否符合这一逻辑，主要是看城市在延续自身历史人文与自然地理基因的同时，能否以最低的生态环境代价，抵御或适应外部扰动，满足生产和生活不断变化的需求，具有充分的舒适性和便利性，充满活力，不断提升市民的幸福感与认同感。由此，“有机更新”所包含的内涵更丰富、外延更宽广，不仅强调城市局部更迭与整体演进的统一，而且兼顾城市复杂系统的自身发展规律及其与外部诸系统之间的交流与关联。

与纯粹增量型的“城市更新”不同，对更强调多元包容（存量为主，增量、减量兼顾）的“有机更新”来说，一方面，新与旧的关系永远是辩证统一的，两者之间并无孰优孰劣的问题。城市发展应当“与旧为新”，因地制宜、因时制宜、因人制宜，而绝非暴风骤雨般的革命式更新。只有这样，作为生命有机体的城市才能将其独一无二的“基因”传递下去。另一方面，“更新”不仅意味着“从旧到新”，也有可能“从新到新”。比如 20 世纪 90 年代至今上海陆家嘴的大规模城市建设，虽已成为上海城市建设成就的标志性景观，但也存在屡屡为人诟病的各种城市空间尺度、交通组织、环境调控等多方面的问题，城市空间品质和活力与其中央商务区的功能定位尚有很大距离。难道就因为这是一个“新建城区”，我们就要对这些问题熟视无睹吗？这不正是“城市更新”所应该面对的对象吗？

基于上述思考，我们总结提出“有机更新”的三大特质，即“协同发展”的空间特质、“渐进发展”的时间特质与“健康发展”的韧性特质。这三大特质相互支撑，耦合构成城市有机更新的基本框架：“协同发展”不但指城市空间中物质性要素在尺度、结构、比重和布局上的协调统一，而且也指城市空间中社会性要素的“上下”并存与多元共融；“渐进发展”一方面指随着城市发展速度的放缓，城市的结构性调整将以一种审慎而精细的方式进行，另一方面也指城市的更新与改造将集中发生在微观的“细胞”层面，以一种小尺度、针灸式的方式展开；“健康发展”则既指对城市发展中居民身心健康的深度关怀，又指向城市作为一个生命有机体抵御与适应各类突如其来“疾病”（灾害）的“韧性”能力。由此，我们初步提出了一个由三大维度构成的基于“广义有机更新”的城市规划理论架构：

维度一，基于协同发展目标的整体性规划；

维度二，基于渐进发展目标的精细化规划；

维度三，基于健康发展目标的可持续韧性规划。

该架构所针对并要解决的，正是前文提及的当代城市规划的三大基本问题。过去十年间，从上述三大维度出发，我们积极建设完成三个重点科研机构——上海市城市更新及其空间优化技术重点实验室、同济大学超大城市精细化治理研究院和教育部生态化城市设计国际联合实验室，齐头并进，形成基于有机更新理念的城市规划、城市设计、城市治理等多个相关研究领域的研发平台集群，并以此为基础，建构“融合式”国际化工程人才培养体系和本 - 硕 - 博贯通的城市研究课程体系，形成城市绿色发展学科群；创建“上海城市空间艺术季”等重大城市活动，推动有机更新学术理念的传播普及。通过这一系列的学科建设行动，初步开拓形成“城市有机更新”的新兴学科领域。

三、以“敏感区”为切入点的有机更新规划技术方法体系

在城市中，最为迫切需要“有机更新”关注和介入的区域是所谓的“敏感区”(sensitive area)。这是一个从环境学的“生态敏感区”（ecological sensitive area）借用和发展过来的概念。总体而言，城市敏感区主要包含两大特点：

（1）高价值：具有重大的历史文化、社会经济、自然生态价值，发挥重要的城市功能并在城市中具有较大影响力的空间范围；

（2）高脆弱性：对外部的干扰较为敏感，受到干扰后系统容易产生不可逆转的崩溃，且自我恢复能力较差的空间范围。

基于城市空间自身的多样性特点，“敏感区”也分为不同的类型：包括历史敏感区（historical sensitive area）、文化敏感区（cultural sensitive area）、社会敏感区（social sensitive area）、气候敏感区（climate sensitive area）、生态敏感区（ecological sensitive area）、滨水敏感区（waterfront sensitive area）等。在城市的实际发展进程中，这些敏感区并非泾渭分明，而是相互叠加，重叠区域具有更高的“敏感度”。由于高脆弱性与高价值并存，这些区域一方面面临社会民生压力、资本市场觊觎或自然灾害侵袭等的挑战，另一方面又急需明确有效的保护规划方案和韧性提升计划的支持，因此需要通过一整套全面有效的规划技术体系来化解矛盾、实现发展的可持续性。

在过去近二十年中，我们以总面积达 41 平方公里的 44 片上海历史文化风貌区（历史敏感区）为主要应用实验对象，从“宏观界定”“中观整合”“微观治理”三个层面，分两个阶段开展系统性的实践探索，建构了一套完整的针对“敏感区”的有机更新规划技术方法。

以新世纪的第一个十年为第一阶段。在这一阶段形成了以“历史文化风貌区保护规划”为主体的重要学术成果。这部分主要工作包括“宏观界定”与“中观整合”两

个部分。一方面，通过由文化价值、空间特点、风貌类型、环境品质、人口构成、业态组成、经济指数、安全指数、设施状况等多项参数构成，标定保护更新的实施部位和资源结构，精确识别“敏感区”的基本问题、类型、等级、边界与特征，完成了对上海中心城区 12 片、郊区 32 片历史风貌区以及 144 条历史风貌街道的划定，在国内首次完成了 41 平方公里法定历史街区的界定工作；另一方面，在历史敏感区范围内，基于整体性、原真性、可持续性和分类保护四大原则，开创性地提出一套涵盖不同肌理形态、空间类型和空间尺度，用同一个规划参数系统兼容开发建设导向的技术指标和城市保护主控要素的“点（建筑）一线（街道）一面（街坊）”全覆盖的整体性规划技术方法，在法定的控制性详细规划层面实现了保护规划与更新规划的“两规合一”，协调解决了敏感区功能更新与文化延续之间的重大矛盾，为此后进一步的“多规合一”探索提供了理论支撑和技术路径参照。这一创新成果的理论与学术思考通过《历史文化风貌区保护规划编制与管理》一书获得推广传播，其核心技术方法被全面推广应用于上海全域的历史风貌区，并在不同程度上对天津、广州、青岛等国内其他城市的历史街区规划编制工作产生重要影响。

第二阶段则是从 2010 年前后至今，研究焦点转向对提升城市公共空间品质最为关键的“微观治理”问题，形成以“历史风貌保护道路规划”为主体的核心成果，已成功推广应用于上海市域 144 条风貌保护道路的规划编制工作；并按此技术思路以徐汇区的 40 余条风貌道路和长宁区的部分风貌道路为先行先试，全面推进整治提升与精细化管理工作。围绕这一阶段工作所形成的思想观点、基础研究和技术方法构成了本书的主体内容。

本书第一和第二章可视为本书的“上篇”，主要是围绕上海历史街道展开的“基础研究”。前者侧重对上海历史街道风貌历史成因的梳理与归纳；后者则通过对若干典型地区的深度研究，从空间肌理和建筑特征等角度解析上海历史街道风貌的多样性。第三、第四和第五章则可归为“下篇”，将讨论的重点转向以有机更新为目标的历史街道精细化规划体系与实践。其中第三章主要追溯伴随城市发展模式的转型，历史街道保护与更新理念、制度与实践活动的演变过程；第四章则着重探讨聚焦于“微观治理”层面的以街道空间为载体的精细化规划的背景、要素与框架，以及具体的实践应用。作为前两章的“注脚”，第五章以案例的形式列举了 21 世纪以来上海较有代表性的历史街道的规划与管理。

上海在 2035 总规中提出了实现“迈向卓越的全球城市”的宏伟目标，同时清醒地意识到必须推动发展模式转型，确立“底线约束、内涵发展、弹性适应”等重要原则，即“由愿景式终极目标思维转变为底线型过程控制思维……发展模式由外延增长型转变为内生发展型，土地利用方式由增量规模扩张向存量效益提升转变，在资源环境紧约束的背景下寻求未来上海实现开放式、包容式、多维度、弹性发展的路径和方式”。作为对这样一种重大发展战略的回应，我们提出的规划理论架构与技术方法体系将在未来持续的实践与思考中逐步得到发展与完善，为最终实现中国城市的可持续宜居而作出应有的贡献！

目 录
Contents

第一章

上海历史街道形成历程

街道，是人们感受城市最为直接的空间元素之一，也是人们感受城市历史变迁的重要途径之一。历史街道，形成于其中某一特定的历史时期，反映着特定时期的景观、人文及社会认同。

对于历史街道的研究，应始于其形成以及拓展的过程，从历程中发掘时间过程，所表现出的空间结构关联，以及内在的推动因素，从而理解历史背景下街道空间特征、风貌特征以及功能特征的形成内因。近代上海“三界四方”的特殊城市历史空间结构是在此三个方面推动街道形成的重要因素。作为学术概念，本书中对其的界定如下：“三界”是指“公共租界”“法租界”和“华界”；“四方”指的是“公共租界”“法租界”，以及华界中以老城厢为主的南市部分和以闸北为主的北市部分，其中江湾部分虽不属于传统概念中北市地域，论述中该部分归为北市论述。

第一节　基本概念及其内涵

1. 基本概念

对于街道的概念，在西方传统语境中，“Road”（道路）源自盎格鲁·撒克逊词源，意为从一处到另一处的通道。而“Street”（街道）中的拉丁词根“str”有建造、构筑的意思。意大利语Strada、德语Strasse均指一些专为公共功能留出的区域。[1]

《大英百科全书》(*Encyclopedia Britannica*)[2]中对于街道(Street)词源学的分析，显示这个词源自拉丁语Strata，意味有铺砌的道路。[3]《大英百科全书》对于街道的核心定义为“通常位于城市、城镇、乡村中的比巷道更宽且多设有人行道的通行设施”[4]。

《韦氏大辞典》（*Webster Dictionary*，*Encyclopedic Edition*）中认为，广义上街道被定义为“有铺砌的道路”[5]，狭义上被定义为“位于城市中的，一般在一侧或两侧均有人行道及建筑的公共道路”[6]。

在中国传统语境中，出自《史记·平准书》中的街道概念包括了街道里巷。[7]《辞海》中对“街道”的解释则为：“旁边有房屋的比较宽阔的道路”。《中国大百科全书》中指出，中国古代的城镇道路，城市干道为街，居住区内道路为巷。[8]《说文》中有“街，四通道也”；《三苍》中也有“街，交道也”的说法，这里的“四通”与“交道”既指多条道路构成复杂交通系统之意，同时也暗含了在这种系统之上其他交流存在的可能性。[9]

1.Joseph Rykwert：“Streets in the past”，*On Streets* edited by Stanford Anderson，The MIT Press，1978：15.

2. 参见 Street - *Encyclopedia Britannica*，[2012-10-30]，http://www.britannica.com/bps/dictionary?query=street.

3.Etymology: Middle English “strete”, from Old English “stræt”, from Late Latin strata “paved road”, from Latin, feminine of *stratus*, past participle — more at STRATUM.

4.“a thoroughfare especially in a city, town, or village that is wider than an alley or lane and that usually includes sidewalks”.

5.“A paved way or road”.

6.“A public road in a town or city, especially, a paved thoroughfare with the side walks and buildings along one or both sides”.

7. 罗竹风，《汉语大词典》，第三卷下，汉语大辞典出版社，1989：1019页。

8.《中国大百科全书：建筑·园林·城市规划卷》，中国大百科全书出版社，1988：218页。

9. 侯斌超，《从“道路”回归“街道”》，载《和谐人居环境的畅想和创造》，中国建筑工业出版社，2008：167页。

今天，对于街道的概念在不同领域中仍有不同的定义，但在城市空间范畴内其概念具有一定的共识：包括道路及道路两侧临近建筑、构筑物及其他界面元素围合下的三维空间。[1]

一般概念下，街道可拆解为三个构成要素：通道、设施、界面。通道主要指被用作或设计用作人或者货物运输的部分，往往包括通行道（Travelway）、表面铺砌（Pavement）、结构（Structure）、路基（Subsurface）；设施主要指与道路部分直接相邻的附属功能及设施，一般包括人行道（Sidewalks）、路灯（Lighting）、路标（Signs）、行道树（Street trees）、市政设施（Utilities）等；界面主要指街道两侧除设施外，对于街道风貌产生影响的部分，一般包括两侧建筑（Roadside architecture）、特色景观（Landscape features）、视域视线（Viewshed）等。

关于"历史街道"，则一般是指一定历史时期内形成，能够反映该时期城市景观的特征、文化内涵并具有当代社会认同的街道。其特点首先是强调特定历史时期，这个历史时期并不一定是其通道部分修筑的时期，而往往是其两侧界面历史风貌形成的时期。一方面，其风貌包含物质特征（城市景观）和非物质特征（文化内涵）两个部分；另一方面，对其风貌的评价具有当代社会认同的属性，即对于历史街道的评判是客观存在和主观评价并重的，对于同一条街道不同历史时期的风貌的评价往往是随着社会发展与认同主体的变化而变化的。

2. 概念的内涵

在历史街道的保护实践过程中，国内外对于其内涵的界定比较有代表性的术语主要包括我国国家层面的历史文化名街，地方层面的北京的胡同系统、南京的历史街巷 / 道路遗产，以及国际上的历史道路（Historic Road）、遗产道路（Road Heritage）、历史街道（Altstraßen），等等。同时，在以欧洲为代表的西方历史文化遗产保护工作的开展过程中，历史街道通常并不作为独立的研究对象单列，而是和历史街区的研究与保护紧密联系。因此，在其语境中，真正作为保护对象，特别是针对城市内部的历史街道概念及内涵相对有限。

1.[英] 克利夫 · 芒福汀，《街道与广场》，张永刚、陆卫东译，中国建筑工业出版社，2004：139 页。

（1）历史文化名街

中国历史文化名街是经中华人民共和国文化部、国家文物局批准后由中国文化报社联合中国文物报社举办的一项针对历史街道开展的评选推介活动。以历史要素、文化要素、保存状况、经济文化活力、社会知名度、保护与管理六项标准作为主要评判标准，目前共计评选产生 5 批 50 条历史文化名街。

（2）胡同系统（北京）

2005 年 3 月 25 日通过的《北京历史文化名城保护条例》将传统街巷胡同格局、城市景观线、街道对景等线性保护要素列入旧城的保护内容之中。北京旧城内 2 批共 30 处历史文化保护区的保护规划重点强调了对于胡同系统和道路系统的保护。一方面，在物质层面，棋盘式道路网骨架和街巷胡同格局、重要的街道对景被作为核心要素列入保护要素中，并通过道路交通规划、市政设施规划体现对于历史街道、胡同保护的考量；另一方面，在非物质层面，则强调对于传统胡同、街道的历史称谓的保护。

（3）历史街巷 / 道路遗产（南京）

东南大学陈薇教授在《道路遗产与历史城市保护——以南京为例》[1]一文中，提出了道路遗产（Road Heritage）的概念，并在研究中，将其定义为具有一定连续性（200 米以上）、有一定知名度、周边有历史遗存或其他历史资源（如树木、山水等）的街巷/道路，并提出了南京市第 1 批 64 条遗产道路，将其分为 4 类，分类提出保护要求。其中，保存完整、内涵丰富、特色明显和对名城风貌特征具有重要作用的街巷，由南京市人民政府确定公布为历史街巷，并纳入保护名录，严格保护历史街巷的历史环境要素，传统格局和街巷的走向、名称，保持现存历史街巷的空间尺度、传统风貌和环境特色。[2]

（4）历史道路（Historic Road）

历史道路在欧美往往指历史上修筑的、具有特殊意义的道路或通道。与之有关的研究中比较著名的包括对于古罗马时期用于

1. 陈薇，王承慧，吴晓，《道路遗产与历史城市保护——以南京为例》，载《建筑与文化》，2009（5）：22 页。
2.《南京市历史文化名城保护条例》，第三十九条。

扩张的军路体系的研究，德国、美国早期高速公路研究，以及历史上一些商路的研究（如丝绸之路等）。其研究对象多为用于交通目的的历史道路体系。

（5）遗产道路（Road Heritage）

从历史道路的英语界定“Historic Road”可以看出，其所指的历史道路均具有重大的历史意义，带有较强的价值判断因素，其中部分历史价值很高的被列为遗产道路加以保护。

（6）历史街道（Altstraßen）[1]

德语 Altstraßen，直译为历史街道，在德语区相关领域中主要指连接重要历史城市、地区的历史道路。研究对象包括自古罗马时期开始的各个历史时期修筑的历史道路，其含义更接近于历史道路（Historic Road）概念，其主体关注的仍不是城市内的历史街道。[2]

此外，作为保护对象的历史街道的概念还包括在本书中所关注的上海的历史街道，从法定的概念上包括风貌保护道路[3]，但并不局限于风貌保护道路。上海历史街道在实践中与历史风貌保护区内的风貌保护道路（街巷）有着密切的关联，但规划管理实践对象与学术研究概念之间还是存在巨大的差别。因此，关于形成过程、典型风貌、保护更新历程的研究对象延展到历史街道，具体到不同层面的实践过程，落实到作为规划管理实践对象的风貌保护道路。

本章关于上海历史街道的风貌形成历程的研究，从历史沿革、城市结构、制度内因三个角度进行剖析，分别形成对于历史街道风貌形成的时间性分析、空间性关联以及形成的内在因素剖析。

1.“Altstraßen sind historische Wege, die in einem Wegenetz wichtige Städte und Orte miteinander verbanden.”

2.Erika Dreyer-Eimbecke: Alte Straßen im Herzen Europas: Könige, Kaufleute, Fahrendes Volk. Umschau, Frankfurt am Main 1989.

3. 风貌保护道路为上海历史遗产保护体系中具有法定保护地位的历史街道。2003 年上海市划定中心城区 12 片历史文化风貌保护区， 2006 年《上海市中心城历史文化风貌区风貌保护道路规划》出台。规划中，144 条风貌保护道路（街巷）被列为保护道路。因此，风貌保护道路是上海众多历史街道中位于风貌区内、被列为保护道路的历史街道。

第二节　历史沿革角度的上海历史街道风貌

1. 开埠前上海的街道风貌（1843 年以前）

（1）开埠前的上海

开埠前的上海县城依托东面的黄浦江，大量的河道网络绵延向西，通达苏杭地区，水运成为交通的主要途径。县城内较为完整的水网体系，与街道体系共同组成日常所需的交通系统，街道临河而筑，形成最早的街巷体系基础。开埠前夕，县城内方浜、肇嘉浜、中心河、薛家浜、侯家浜等河道纵横，街巷却仅有五十余条（图 1-1）。[1] 这种河道、街巷复合体系在今天上海街道风貌中几乎不存，只能从周边历史古镇中依稀寻得一些痕迹；后来的填浜筑路对于上海街道风貌的形成有着深远的影响，尤其是“沿河筑路”和“填河筑路”形成的街道，原有河道的走向、宽度直接影响到此后形成街道的基本空间形态。在这一时期，上海陆上

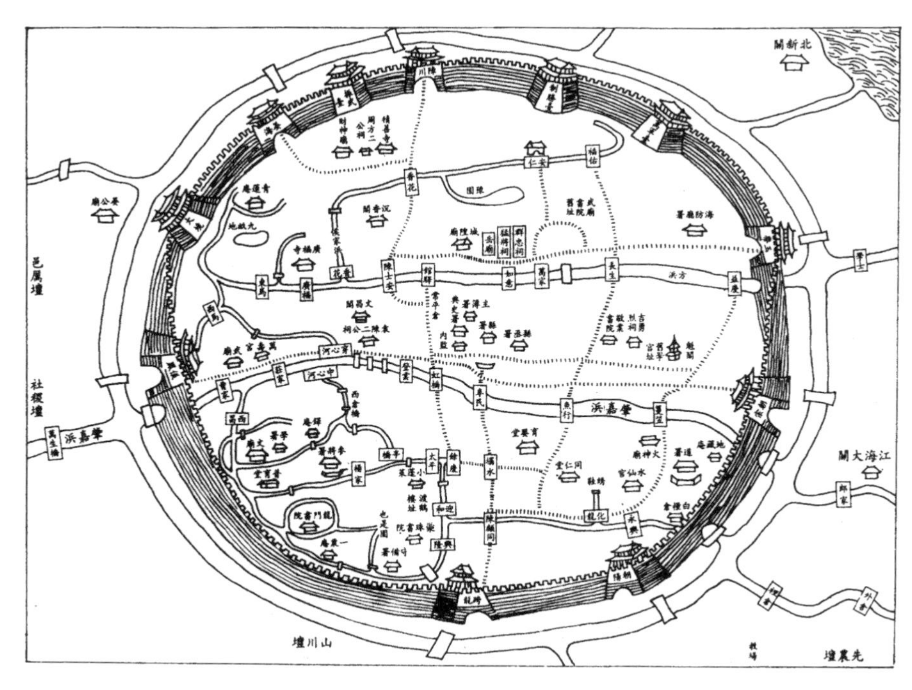

图 1-1　19 世纪初上海县城图

1. 张仲礼，《近代上海城市研究》，上海人民出版社，1990：219 页。

的交通工具主要是轿子，其平坦的地势使得轿子能容易地通过狭窄、弯曲的街道和小巷，灵活性得到充分的体现。正因为这些优势，一直到 19 世纪中叶，在黄包车、小汽车等其他样式的交通工具出现甚至普及了相当长的一段时间后，轿子才逐步退出城市交通工具的历史舞台。而此时，上海还没有专门负责街道修建或市政设施的部门或官员，很大一部分相关工作如清道、筑路、修桥等事项均归慈善团体（如同仁辅元堂[1]）负责。总体而言，开埠前上海的交通需求对于城市街道的要求相对有限。由于没有出现近代意义上的城市交通需求，也就不会出现我们今天所讨论的“近代城市街道”。

（2）街道风貌

开埠前上海的街道风貌特点可以概括为以下三点：

宽度狭窄：除去少量带有仪式性的主干街道，更多的民坊之间的小巷，只需要保证肩挑一根扁担两个筐的一人通行即可。[2]

材差技低：街巷修筑材料差，修筑技术水平低。县城内街巷均为土路，随地形自然起伏，路面是天然泥土，一旦下雨，除了踏高跷外几乎不能通行。

环境脏乱：“上海县城内除官署、庙堂以外，都是店肆街坊。城内街道极为狭隘，阔只六尺左右（2 米上下），因而行人往来非常混杂拥挤。垃圾粪土堆满道路，泥尘埋足，臭气刺鼻，污秽非言可宣”。[3]

2. 近代街道体系的初创与发展（1843—1865）

（1）英租界及公共租界早期的街道建设

最初的英租界范围是英国首任领事巴富尔（George Barfour，1809—1894）选择的东临黄浦江、南临洋泾浜（今延安东路）、北至李家厂（今北京东路、圆明园路一带）、西界未定[4]的约 830 亩（55.3 公顷）的区域。该区段沿黄浦江南北向展开，直接影响了租界第一批建筑沿江南北向排列，以便于受到停

1. 嘉庆九年（1804）上海知县倡议成立半官方慈善机构“同仁堂”，道光二十三年（1843）梅益奎、施湘帆、韩再桥邻近同仁堂创建辅元堂。咸丰五年（1855）两堂合并，除了经营一般的慈善救济，也代理地方政府的市政管理。

2. 张仲礼，《近代上海城市研究》，上海人民出版社，1990：220-221 页。

3.《清代上海日侨杂记》，载《上海公共租界史稿》，上海人民出版社，1980：623 页。

4. 后增订为界路（今河南路）。

泊在江上军舰炮火的保护，而区域内沿滩有一条供船夫拉纤行走的、狭窄的泥路，[1] 也为沿江筑路提供了基础。这条狭窄的泥路，就是今天外滩（Bund）街道风貌形成的最初的物质基础。此外，道契资料显示，开埠前区域内已有四条土路，分别为今天的北京中路、汉口路、福州路和广东路，均为通向沿江的泥路，加上在开埠前所筑的通往嘉定、太仓、昆山的石路（今福建路），构成区域内的道路网络基础。此外，在今天四川中路、江西中路、九江路等位置，都已有零星土路存在，且与以后英租界建设的街道位置基本吻合，说明这些土路对近代城市道路规划修筑的重要影响。[2] 我们所熟悉的这批街道的历史风貌形成于 20 世纪的 20 至 30 年代，而其中一些街道，如河南路更是由于 1949 年后被作为南北向的交通主干道历经多轮拓宽，其大量历史风貌已不存。不过这些街道为主构成的接近 100 米 ×100 米方格网形的路网尺度，今天被一些城市研究者认为是较为理想的街道尺度。该区域时至今日也仍被认为是上海最具活力的历史街区之一。

1846 年 12 月，租界外侨根据《土地章程》成立了 3 人组成的“道路码头委员会”（Committee of Roads and Jetties），《土地章程》作为租界制度存在之根本法，赋予道路码头委员会市政建设管理职能，如道路、码头、桥梁的建设等。于是英租界开始了其区域内道路的建设，但与 1854 年后的城市道路建设相比，这一阶段“所筑之路不仅只限于界路、外滩、花园弄（Park Lane，今南京东路）等少数干道，而且均为土路”。[3]

1854 年 4 月，“泥城之战”[4] 对于近代上海的发展产生了重大影响。由于小刀会、太平天国东征的影响，大批江浙一带的华人涌入租界，人口的激增带来城市发展需要的资金，房地产异常兴旺，街道建设大大加快，也使得租界原有的道路码头委员会的机构设置无法适应新的需求。1854 年 7 月，租地人在英国领事馆召开大会，由英国领事阿礼国（Sir Rutherford Alcock，1807—1897）主持，美、法领事出席，通过了《上海英、美、法土地章程》，

1.[美] 卜舫济，《上海租界略史》，岑德彰编译，上海勤业印刷所，1931：2 页。

2. 陈琍，《上海道契所保存的历史记忆——以〈上海道契〉英册 1—300 号道契为例》，载《史林》，2007（2）：137-149 页。

3. 袁燮铭，《工部局与早期上海路政》，载《上海社会科学院学术季刊》，1988（4）：77-85 页。

4. 清咸丰三年（1853）小刀会起义军占领上海县城后，英、美、法等国依旧采取袖手旁观、伺机而动的中立政策，并借故挑衅、引发战争，从而达到争夺上海海关主权的目的。所引发的战争便是发生在泥城浜（今西藏中路）附近第二个跑马场的泥城之战。战争结束后，清政府与英、美、法签订了《上海海关征税规则》，并修订了《上海英、美、法土地章程》。

决议成立管理租界公共事务的机构“工部局”，并选出由 7 名董事会成员组成的市政委员会，主管界内行政和建筑等事项。由此，英租界开始了上海历史上最早的道路规划编制工作。

1863 年 6 月，上海道台和美国领事签订协议，确定上海美租界地界：南面，沿苏州河，从泥城浜口对岸之地点起，直到黄浦江；东面，从低潮线时的黄浦江起，直到靠近杨树浦停泊场下游流入黄浦江的河浜口；北面，从河浜口起，沿河浜一直向西三里，直到尽头。[1] 同年，美租界和英租界正式合并，成为公共租界。

工部局的规划逐步实施后，公共租界在街道建设方面发展迅速，很快便超出《上海英、美、法土地章程》的规定限制。黄浦江边的外滩大道很快就拓宽到 15 米，而其他主干道有的宽 18 ～ 21 米，一般宽为 10 ～ 15 米。[2] 当时仅有 830 亩的租界中，道路面积为 7.84 公顷，占租界总面积的 14.2%，到 1864 年这个比例上升到 23%，远高于当时其他的中国城市。[3] 到 1865 年，一张由 26 条街道组成的英租界干道网已具雏形，同时根据历史地图的研读，这一时期道路两侧虽仍有大量空地，但街道两侧建筑逐步增加，界面已逐步完整起来（图 1-2 ）。此时建成的街道的路面绝大部分用碎砖铺筑而成，主要街道开始铺设花岗碎石，人行道、煤气路灯等先后出现，排水阴沟和行道树也成为街道设施的重要组成部分。

此外，跑马场的两次搬迁也对于租界街道建设产生了较大的影响。道光三十年（1850），英国商人霍格（W.

图 1-2 1855 年、1866 年英租界核心区街道周边地块建设比较

1.[法] 梅朋，傅立德，《上海法租界史》，倪静兰译，上海社会科学院出版社，2007：34 页。
2. 杨文渊，《上海公路史》，第一册，人民交通出版社，1989：24 页。
3. 李德华，《城市规划原理》，同济大学出版社，1991：124 页。

Hogg）、吉勃（T. D. Gibb）、兰雷（Langley）、派金（W. W. Pakin）、韦勃（E. Webb）等 5 人组织跑马总会，自任董事，在今南京东路、河南中路交界，以每亩不足 10 两银子的价格“永租”土地 81 亩（5.4 公顷），开辟了第一个跑马场，俗称“老公园”，跑道直径 800 码（731.52 米）。由于场地太小，骑手经常把马骑到外边的泥石路上，人们把这些路称作“马路”。这也成为今天很多上海人仍称城市街道为马路的缘由。自 1851 年开始第一次赛马到搬迁至第二个跑马场，该场地前后总共进行了 7 次赛马活动。随着租界的发展及地价的飞涨，跑马总会于 1854 年将南京东路、河南中路口的老公园（第一跑马场）分 10 块，以每亩超过 200 两银子的价格卖出；又从浙江中路花园弄两侧以 9700 两银子的代价圈地 170 亩（11.3 公顷），建造了第二个跑马场，称“新公园”。咸丰十一年（1861），跑马总会成员已达 25 人，以 10 万两银子的价格出售新公园。翌年以低价购进泥城桥以西土地，辟筑第三个跑马场。当时霍格与英国驻沪领事一同向上海道台提出，要求划出西藏中路以西地段，建一条长 1.25 英里（2011.68 米）、宽 60 英尺（18.29 米）的跑马道。在清政府同意下，霍格用低价强征西藏中路、南京西路、黄陂北路、武胜路围起的农田 466 亩（31 公顷），每亩折价仅 25 两银子。当时场地中间还有一个 70 余座房子的村庄，霍格等人以 30 两一亩地，100 两一座房的低价买下，在清政府和英国人的重压之下广大农户根本无力抗争。最终这块土地上建成了号称远东第一的上海跑马场（图 1-3）。

图 1-3 三代跑马场位置变迁图

在这一过程中，跑马场的两次搬迁对于近代上海初期街道建设的影响主要体现在两个方面。一方面，第二个跑马场搬迁修筑而成的湖北路、浙江中路、西藏中路、北海路等形成的环路以及第三个跑马场周边的西藏中路、武胜路、黄陂北路、南京西路均是今天城市中心区域非常有特色的街道体系。其中原第二个跑马场内的城市肌理已发生根本性的变化，但湖北路弯曲的街道两侧的风貌仍依稀可寻当年城市肌理的影响。另一方面，与真正意义上的经过规划的公共空间不同，跑马场的建设体现了很强的资本利益驱动下的短视行为，表现在两次迅速搬迁后的商业开发上。同时，即便第三跑马场建设完成后成为租界的主要开放空间之一，其位置的选择及其对于周边交通的影响并未得到全面考虑，导致在此后相当长的一段时间内，跑马场成为公共租界中区与西区之间交通联系的阻碍。这一问题在 1949 年后跑马场改建为人民广场的过程中才得到解决，而改造的过程对其历史风貌产生了较大影响。

可以说，在这一时期，公共租界早期的街道风貌主要由两个部分组成：一部分为沿黄浦江展开的外滩地区的街道风貌；另一部分为外滩与第三个跑马场之间的方格网状街道体系的风貌。1863 年外滩的历史照片显示（图 1-4），拓宽后，外滩街道宽 15 米左右，与西侧 2 至 3 层早期外滩街道构成约 1:1 的单边高宽比，狭窄的沿江街道更利于塑造租界城市主要界面的形象。临街建筑形式多为殖民地外廊式，远离江岸一侧建筑与行道树共同塑造出一个相对连续完整的城市界面。而靠近江岸一侧的江海关附属建筑对于早期江岸风貌的形成也有着较大的影响。随着外滩不断改建，当时外滩街道的历史风貌已基本不存，但当时其奠定的城市结构在此后的城市发展中不断被强化。

这种城市结构的早期构成要素中还包括英租界内东西向的 4 条马路。由于早期《土地章程》中关于“华洋分居”的相关规定，英租界前期以界路（今河南路）为分界线，形成同一街道不同风貌的局面，比较有代表性的是花园弄（今南京东路）。花园弄位于界路以西部分两侧建筑基本为“中式”，“最初为木板房，后来这种建筑形式被工部局取缔后更新为砖木结构的里弄住宅，高度也不过二三层，沿街底层多为店面，向街道开放”。[1] 而以东部分街道两侧建筑则为“西式”，图 1-5 照片中体现了这一阶段界路以东“西式房屋条例”控制下的街道景观。可以看到相对狭窄的人行道上，没有行道树、路灯等相关市政设施，连续的 2 至 3 层高的西式建筑构成了完整的街道界面。随着后来街道的拓宽与建筑的改建，当时街道的风貌今天已基本不存。

图 1-4　历史照片外滩（1863 年）

图 1-5　历史照片 1866 年南京路 [2] 四川路以东路段

1. 张鹏，《都市形态的历史根基——上海公共租界市政发展与都市变迁研究》，同济大学出版社，2008:40 页。
2. 花园弄于 1865 年改名为南京路。

（2）法租界的街道建设

根据中法《黄埔条约》（*Traité de Huangpu*，1844），法国领事与上海道台于 1844 年划定上海县城北门外“南至护城河，北至洋泾浜，西至关帝庙褚家桥，东至广东潮州会馆沿河至洋泾浜东角”的面积 986 亩（66 公顷）的东西向狭长土地为法租界用地。1861 年 10 月，法国迫使清政府同意法租界扩张，将沿黄浦江向南延伸 650 米的约 130 亩（8.7 公顷）土地划归法租界，十六铺方浜桥成为租界和华界间的界桥。法租界早期发展受到两侧英租界和华界在空间及其他方面的限制和影响，区内建设迟缓，“划定界线后已经四年过去了，法租界差不多还是空荡荡的……而洋泾浜的北边（英租界区内），新洋房，大仓库，如雨后春笋般矗立起来，法国区却还保留着一个中国城郊的面貌，成堆的垃圾，肮脏的民房”。[1] 而这样的环境在此后小刀会起义及“泥城之战”中进一步恶化，直到战乱结束后，法租界内租地要求才陆续增加，街道面貌也随之有所改观，局面的突破则是直至 20 世纪初法租界再次向西扩张时才得以实现。

由于法租界在城市空间格局中夹在公共租界与华界之间，其沿黄浦江岸线较北侧公共租界短得多，但其城市发展初期从沿江部分入手向西拓展的策略与公共租界如出一辙。1856 年，法租界当局沿黄浦江修筑了界内第一条近代道路，称“法外滩路”（今中山东二路）。在公共租界成立初期，法国作为其中的一部分参与了一些规章的制定，但由于对于租界管理制度的不同理解，尤其是对于领事在租界管理中地位的不同态度，使得法租界最终选择与公共租界分道扬镳。1862 年，法租界成立公董局，其下设道路委员会，5 名董事中的 3 名为该委员会的成员。公董局成立后，其下设的道路委员会对于法租界街道面貌的改变起到了很大的作用，街道修筑的同时，对于街道卫生、市政设施建设，公董局也作出相应的安排，例如填没水潭，铺平路面等。公董局在年终报告中指出，董事会的理想是“使这些街道四季都能走人”。但这对于当时的公董局并不是轻而易举的，地面本身就是一个障碍，必需铺设路面、排水，设置下水道。董事会尝试在帝国路（今河南南路人民路至延安东路段）当中铺设一段铺砌石子，路旁修筑石板人行道并铺砌下水道，但是由于成本太高，董事会不得不决定将计划缩减并作出说明：公董局的收入有限，无法全面达到其

1.[法]梅朋，傅立德，《上海法租界史》，倪静兰译，上海社会科学院出版社，2007：54 页。

工作预期。这充分说明了公董局当时的收入不允许开展大规模路政设施改良的工作。即便如此，公董局对于界内街道风貌的变化仍感到欣喜，梅朋、傅立德在其所著《上海法租界史》中自豪地称：自此“法租界再也没有那些‘小路’了，而是有了街道，由于爱棠（Benoît Edan，1803—1871，时任法国领事）的细心照管，它还阔气地装上了煤油路灯”。[1]

法租界自建设之始，其在市政建设思路上就与公共租界基于租地人“自治”管理的方式有所差异，145～160米道路网格的出现，体现了一种带有强力制约的规划理念，成为此后一段时间内法租界城市发展的一个重要城市控制模数，对于法租界街道的风貌产生了较为重要的影响。城市发展理念上的不同，进而造成城市建设管理制度上的不同，使得法租界当局最终退出公共租界体系，自成一体，也为法租界与公共租界之间街道风貌上的差异打下了基础。

（3）华界及租界外围区域的街道建设

华界近代街道建设相对滞后，第一条近代道路到1896年才筑成。这一阶段华界城厢内基本维持了开埠前的街道风貌。对于华界而言，在租界开展的城市街道及市政设施建设的理念与模式都是全新的。在此后相当长的一段时间内，经过从观察、怀疑到学习的过程，华界开始探索自身近代街道的建设之路。虽然在严格意义上，华界在这一阶段并无具体的近代街道建设行为，但不乏华界有识之士对于租界工作的观察与思考，这种前期的思考为华界随后的街道市政建设及风貌的改变打下了基础。

伴随越界筑路行为的出现，华界及租界以外地区的建设发展逐渐启动。所谓的“越界筑路”，即是通过在租界区域外进行道路及市政设施建设，推动租界扩张的新城市化模式。最初是在19世纪60年代太平天国东征期间，出于战争影响而出现的在租界以外地区的军路的修建。比如，1862—1863年，美国人华尔（Frederick Townsend Ward，1831—1862）组织的“常胜军”在上海租界以外的华界地面修筑了许多军路，法租界则修筑了一条长8公里的道路沟通法租界和徐家汇及其他军路。当时的上海道台准许了这种在租界之外的“修筑军路，以利军行”[2]

1.[法]梅朋，傅立德，《上海法租界史》，倪静兰译，上海社会科学院出版社，2007：140页。
2. 参见《上海市政》电子版2004年9月第四期，[2007-10]，http://www.shsz.org.cn.

的行为。战争结束后，英法租界当局即将这些军路修筑为城市道路，第一批包括：新闸路、麦根路（Markham Road，今石门二路）、极司非而路（Jessfield Road，今万航渡路）、徐家汇路。此种“越界筑路”形成的城市扩张模式，不同于和平时期方格网式的街道拓展方式，往往有比较明确的目标性，形成有别于均质方格网的特殊“发展轴”。这些道路在此后的城市发展中一大部分成为限定特定区域的边界道路，另一部分则成为区域内最早开始发展建设的风貌主轴。由于这类道路早期的“不合法性”，往往需等待下一时机才能开展建设，其所呈现的基于时间先后关系的主次结构，对区域内街道风貌产生了极大的影响。

（4）街道风貌

在初创阶段，上海近代“三界四方”的街道体系在不同区域呈现出不均衡的态势，“三界”街道建设的差异性较大。其中，公共租界处于全面领先的地位，“……不仅在时间上领先，建设的长度与投入也远远高于法租界和华界”[1]。并且由于“三界”不同的管理模式，早期的街道建设呈现相对独立的局面。随着“华洋分居”政策的松动以及“越界筑路”扩张模式的出现，这种相对独立发展模式逐步瓦解，不同区域街道建设在空间上的联系逐渐紧密起来。

虽然，这一时期街道的原初风貌已荡然无存，却奠定了此后许多城市街道的基本结构关系和大致走向，比如，城市发展初期街道与河流体系的关系，自东向西的城市主要发展方向，临近黄浦江区域相对完整的方格网和西侧越界筑路形成的特殊路网等。

3. 近代街道体系的调整与完善（1866—1889）

经过开埠后 20 余年的发展，上海人口有了明显的增加，与此同时，伴随着新交通工具的使用与普及，城市交通需求逐年增长。这一时期非机动交通工具仍占绝对主导地位，其中比较具有代表性的交通工具是“江北车”和“黄包车”。[2]“江北车”早在咸丰、同治年间已出现在南市，由于其适应于小街巷内的交通条件，成为

---

1. 张鹏，《都市形态的历史根基——上海公共租界市政发展与都市变迁研究》，同济大学出版社，2008：3 页。
2. 上海图书馆，《老上海风情录（二）：交通揽胜卷》，上海文化出版社，1998：14 页。

开埠后最早盛行的客货运输人力交通工具。黄包车又称“东洋车”，是1873年底至1874年初由法国人米拉（Ménard）[1]从日本引进的。在有轨电车出现前，黄包车一直是上海街头最为常见的客运交通工具，在上海的流行很重要的一个原因在于它能同时适应租界和华界不同的街道情况，“江北东洋两种车，交驰马路碾平沙”[2]。

（1）公共租界的街道建设

非机动车的广泛使用对于城市道路的通行能力提出了新的要求，工部局力图在原有基础上完善租界的街道建设，并在扩展其自身机构的过程中加快街道的修筑和空间的拓展。在租界核心区域街道拓宽方面，1870年工部局作出规定：“今后凡工部局铺设的干道，除另有安排之外，其宽度不得小于40英尺”（约12.2米）。拓宽、取直原有道路成为此后十余年工部局路政的重要组成部分。至19世纪80年代末，几乎所有的界内道路都被拓宽、拉直。而拓宽街道遇到的最大挑战则是征地。公共租界基于租地人“自治”管理的模式使得征地的时机常常比规划的理念更为重要，在很多时候工部局不得不为此作出很大的妥协让步：“地价最高的外滩、南京路一带建筑密集，原先缺乏规划，对流量与交通方式估计不足的12条道路严重不敷使用，而道路拓宽必然需要得到私人同意出让土地并以昂贵的价格购买这些土地和需要拆除的私人建筑物。繁华区域整条道路的拓宽可能需要与数十、上百的私人、洋行协商购地；而且，由于租界早期并无建筑物退界的法规，道路拓宽同时还可能受私有建筑无法拆除的制约”。[3]

随着英美租界合并成公共租界，租界向苏州河以北发展的趋势已有所体现，在街道建设计划中提出“计划在虹口地区新建或延长41条马路，其中南北向24条，东西向17条，总长度约14英里”[4]。在虹口的城市拓展过程中，街道的走向受到原有河道的影响较大，未能以租界初期城市发展中方格网路网的方式进行拓展，这种从形态上带有较强不规律性及非直角交叉的路口给交通造成一定的问题。与此同时，杨树浦路的修筑，标志着工部局将扩张的范围拓展到杨浦。此外，公共租界越过苏州河后向北的发

---

1. 见：*Histoire de la concession française de Changhai*,1929:367-368.
2. 秦荣光，《上海县竹枝词》，上海古籍出版社，1989：151页。
3. 张鹏，《都市形态的历史根基——上海公共租界市政发展与都市变迁研究》，同济大学出版社，2008：52页。
4. 熊月之主编，周武，吴桂龙著，《上海通史 · 第5卷　晚清社会》，上海人民出版社，1999：135页。

展，对于桥梁的建设也提出了更高的要求，苏州河上逐步兴建起“公园桥”（今外白渡桥）、河南路桥、福建路桥、浙江路桥、江西路桥等一系列桥梁，这一时期兴建的桥梁基本为木桥。

管理体制在道路拓展和改建的过程中不断得到完善。1869年，工部局在租界章程的附则中首次制定了道路保护条例，对损坏道路、阴沟者进行处罚。1872年，首个比较具体的交通规则在公共租界开始实施。与此同时，街道清扫、洒水制度也逐步建立起来。公共租界在这一阶段率先开展路名规范的工作。同治五年（1866），根据英国领事麦华陀(Sir Walter Henry Medhurst，1823—1885）的建议，工部局统一路名，规定界内南北向马路基本上用中国省名命名，东西向马路基本上用中国主要城市命名，并把写有中英两种文字的路牌树立于路角。这套路名命名系统与原华界街名及后来法租界以人名命名街道均有很大不同，并在此后对上海的路名命名系统产生了重要影响。

这一阶段公共租界的街道风貌表现为，以河南路为界，两侧“西式建筑”与“中式建筑”风貌的差别依旧明显，但传统中国的空间序列开始受到冲击。另外，里弄建筑的出现对于街道风貌开始产生影响。

以1870年和1883年两个时段的南京路街景的历史照片为例(图1-6，图1-7），两张照片均处于河南路以东的《中式建筑条例》控制范围，1883年历史照片中街道两侧沿街商业店招较之1870年照片中的要丰富得多，南京路作为商业空间的氛围由此被进一步强化，并开始成为上海最主要的商业街之一。1870年的照片中，出现了简单的两坡屋顶和重檐歇山顶建筑(为当时的“会审公廨”)并列的现象。这一方面说明中国传统建筑形制上的等级差别仍然存在，但另一方面我们也可以发现，从城市空间的整体塑造出发，传统中国的空间序列开始受到冲击，并逐步被西方街道的界面模式所取代。

图1-6　1870年的南京路

图1-7　1883年的南京路

这一阶段里弄的产生，是一种西方房产开发模式与中国里坊制传统结合的产物。[1] 其特点一方面表现在里弄内部主弄、次弄体系对于城市街道体系在社区层次的延续，并在区域内形成良好的公共生活氛围；另一方面也表现在里弄与城市街道直接交界的界面上，完整的界面对于形成城市街道氛围起到积极的作用，底层商业的处理活跃了街道公共生活的内容，总弄入口的过街楼及门头的处理则成为社区面向城市形象和社区认同建立的重要手段。这种兼顾了交通与商业、内部居住环境和外部城市氛围、公共生活与社区认同的住宅形式至今仍富有活力，而其对于城市街道风貌的贡献更是不容忽视。时至今日，保留有完整里弄风貌的街道界面仍是历史街道风貌不可或缺的组成部分。

（2）法租界的街道建设

相较于公共租界的迅速发展，受外部状况影响，法租界在此时期的街道建设进程较为缓慢。这首先来自法国领事当局与公董局之间的矛盾。初期，法租界事实上的行政官员只有法国领事，而由租地人为了自身权益推选产生的道路委员会仅作为处理公共事务的部门而存在。随着法租界的发展，一方面，爱棠认识到，作为领事，他在外交职务上的工作已使其无法继续兼顾市政方面的问题；另一方面，租地人数的增加使其对于租界行政管理有着更为实际与主动的利益诉求。

就这样，公董局与领事当局的平衡关系随着爱棠的离任发生了变化。接任者穆布孙（P. V. Mauboussin，1815—1863）在法租界和公共租界合并等议题上与公董局产生矛盾，公董局试图甩开领事当局独立运营。同时，洋泾浜北岸公共租界的“自治”管理模式对法租界公董局产生了不小的影响，进一步推动这一矛盾的发酵。终于，在白来尼（M. Brenier de Montmorand，1815—1894）任领事期间，矛盾全面爆发。白来尼坚持“公董局的董事只是行政管理人员，不是权力机构”[2]；经过双方激烈的交锋，伴随着公共租界提出的两个租界合并的提议[3]，最终由白来尼主持制定《上海法租界公董局组织章程》，并通知公董局委员会，强调

1. 金可武，《里弄五题》，同济大学硕士论文，2002 年。
2.[法] 梅朋，傅立德，《上海法租界史》，倪静兰译，上海社会科学院出版社，2007 年：267 页。
3. 以英国为主要推动者，公共租界一直以来有着推动公共租界和法租界合并的企图。1866 年，借法租界内部分歧，英国驻沪领事再次向法方提出两个租界合并提议，并指出“只有合并是唯一可以和保持中国领土完整并行不悖的办法”，但最终被法租界方面拒绝。

“董事会只是一个咨询机构，一切议事应听从领事的决定……董事会一旦选出，便不受纳税人的监督，而受总领事的更严密的监督”[1]而告一段落。在章程具体条款中提出“开筑道路和公共场所，计划起造码头、突码头、桥梁、水道，以及规划路线走向”[2]为公董局董事会议定事项，并规定“公董局应负担道路、排水和供水、路灯等行政事务”[3]。经过其后的修订和协调，最终于 1848 年达成法租界内部的共识，并和各列强间取得妥协。

另一件值得重点提及的大事是四明公所事件[4]，经过法租界内部这场风波后，关于修筑租界内道路一事被再度提上议事日程。这次，法租界将发展目标定在实现 1863 年规划中的八里桥路（Rue Palikao，今云南南路）、宁波路、西贡路（Rue de Saigon，今丹阳路）三条道路上。由于这三条道路穿越华界四明公所所属坟地，引发了激烈的华洋冲突，冲突过程中华人付出了高昂的血的代价。此事所代表的华洋冲突并不是特例，它实际上反映了近代街道拓展过程中的核心矛盾。

与此同时，清政府与列强矛盾的不断加深，尤其是中法政府间矛盾日益恶化，最终在 19 世纪 70 年代初演化为在天津和上海的流血冲突，并在 1883 年升格为中法战争。清政府被迫对法宣战，上海法租界由俄国领事代管。战争最终的结果为清政府溃败，法国政府重新获得对于法租界的控制权，并开始谋求租界范围的进一步扩张。由于战争的影响，这一时期法租界的街道建设进展缓慢。

（3）华界及租界外围区域的街道建设

华界这一阶段街道建设依旧缓慢，一位中国市民是这样记录自己亲身观察到的景象的：“上海的街道大多数非常狭窄。例如，三牌楼路是城市知名的主干道，但仅仅看一下街两边的居民把竹竿搭在街两侧的屋檐上，我们就可以想象街道是多么的狭窄。”[5]

前期借由战乱开展的越界筑路在这一阶段逐步演化为另一种

1.[法] 梅朋，傅立德，《上海法租界史》，倪静兰译，上海社会科学院出版社，2007 年：282 页。

2.《上海法租界公董局组织章程》第九条，载《字林西报》，1866-7-14。

3.《上海法租界公董局组织章程》第十二条，载《字林西报》，1866-7-14。

4. 四明公所是旅沪宁波籍人士的会馆兼公坟，创建于 1797 年，位于上海原县城外西北侧，1862 年被划入法租界内，当时法国驻华公使曾做出不侵犯四明公所的承诺。1870 年后，随着法租界发展日趋加快，对土地需求剧增，1874 年，法租界公董局计划修筑一条穿越四明公所的道路迫使其迁出租界，由此于 1874 年 5 月 3 日，引发流血冲突，史称“四明公所事件”。

5. 刘亚农，《上海民俗闲话》，台北：中国民俗学会：67 页。

城市拓展的方式。1869 年，美国驻沪领事熙华德（George Frederick Seward，1840—1910）、英国驻沪领事麦华陀及法国驻沪领事白来尼共同组成委员会，与上海道应宝时会晤，要求豁免前期越界筑路地段的钱粮，被拒绝。1871 年，麦华陀起草《上海租界界外道路备忘录》，再次提出要求豁免相关路段的钱粮。在多次交涉未果的基础上，租界当局擅自修订《土地章程》第六款将界外征地行为合法化。同年修筑卡德路（Carter Road，今石门一路）；1873 年，提出要求延长麦根路（Markham Road，今淮安路一带）；1887 年修筑马霍路（Mohawk Road，今黄陂北路）。这一系列的越界筑路行径在清政府和民众层面受到抵抗，最终，修筑麦根路延长部分的企图未能实现。从风貌上来看，与战争时期的越界筑军路不同，这一时期的越界筑路呈现出更为郊野度假休闲的韵味。以静安寺路（Bubbling Well Road，今南京西路）为例，作为已成为重要商业街的南京东路向西延伸，连接静安寺的越界道路，其两侧建筑构成的界面并不完整，成行的行道树略微弥补了这一缺憾（图 1-8）。

图 1-8　1880 年静安寺路街景

（4）街道风貌

在这一阶段，“三界”城市空间经过各自初期的发展，在空间上发生了接触，进而发生争夺。这些既表现在租界和华界之间，如四明公所事件或越界筑路事件，也表现为两个租界之间“合并与否”的暗斗。而这一阶段“三界”自身管理机构随着时代演进不断地调整，也为此后城市街道风貌的进一步发展埋下了伏笔。

公共租界街道建设开始较早，在这一时期已有多次街道调整拓宽的经历，在城市街道体系里留下了痕迹，并成为此后街道风貌结构中重要的影响因素。与此并行的是，中式传统城市的空间序列逐渐产生变化，里弄建筑及街区的出现提升了街道空间的活力，塑造了更有上海地方特点的街道风貌特征。同时，迫于租地人“自治”管理模式下征地工作的压力，公共租界街道建设也不断受到越来越多的限制。而法租界的街道建设尽管相对缓慢，但也为其下一阶段的街道风貌的改变奠定了基础。老城厢作为华界的主要空间，街道建设变化不大。

4. 近代街道体系的丕变与扩张（1890—1919）

1899 年 5 月，上海道台李光久宣布公共租界扩充方案，新界址为：东自杨树浦路，至周家嘴路；西自龙华桥至静安寺；北自虹口租界第五界石直至上海县城北境，即宝山与上海县交界处。法国总领事白藻泰（Gaston de Bezaure，1852—1917）与两江总督埭边议妥法租界新址：北至北长浜，西至顾家宅、关帝庙，南至打铁浜、晏公庙、丁公桥，东至城河浜，徐家汇路亦属法租界管辖。随着清政府不断衰弱，顺应民族工业自身发展的要求，华界产生以先进乡绅为主导力量的自治机构，加快了华界街道及市政设施建设的步伐。1911 年辛亥革命后，上海自治政府成立。政权的相对趋稳和城市生活的巨大需求，使得华界街道建设呈现新的局面。

在商贸交往上越来越大的需求动摇了先前出于安全等不同原因所造成的“三界”空间割裂的局面。1911—1914 年，公共租界和法租界、法租界和华界南市的边界分别以不同的方式被打破，曾作为分割边界的城墙与河道不约而同地变成通达的道路。

1902 年，汽车首次出现在上海；10 年后，上海汽车的拥有量达到 1400 辆。机动车的出现以及数量上的快速增长给城市道路建设及城市空间结构带来前所未有的冲击。1908 年 3 月，公共租界内第一条电车客运线路开通，公共交通作为一种全新的交通工具和交通理念，开始介入上海的城市景观，并逐步为普罗大众所接受。机动车取代非机动车——这一城市交通系统的重大革新开始从根本上改变上海的街道体系和街道风貌。

（1）公共租界的街道建设

1899 年后，经过再次扩张后的公共租界面积扩大到 32 110 亩（2141 公顷），既有的管理模式和组织机制无法适应这一新情况。为了配合大规模的街道体系建设，1900 年工部局地产委员会成立清丈处（又名册地处），并将公共租界分为东、西、北、中四区，分区规划街道网络并逐步实施。

中心城区随着城市发展的深入，征地筑路越来越困难，填浜筑路成为一种较为可行的办法：“在租界发展到一定时期，租界地价上涨，私有空间转化为市政建设公共空间的难度越来越大的情况下，河道更是成为道路建筑的珍贵资源。”[1] 清光绪二十五年（1899），填张家浜筑梅白克路（Myburgh Road，今新昌路）；次年，曾经作为华界和法租界边界的周泾在 1899 年法租界扩张后，迅速被填没，筑成敏体尼荫路（Route Boulevard de Montigny，今西藏南路），

---

1. 张鹏，《都市形态的历史根基——上海公共租界市政发展与都市变迁研究》，同济大学出版社，2008：18 页。

原先阻隔交通的河道变成通达的街道。另一个促成填浜筑路的重要原因主要源于对租界卫生及公共安全方面的考虑，对于河道卫生状况及鼠疫不断蔓延的担忧使得工部局将填浜筑路作为整治租界卫生情况的重要措施之一。

在四区之中，中心城区街道网络扩展相对艰难。这促使工部局将目光聚焦于其他三个区域，相关道路计划的制订和实施推动令这三个区域的街道建设和扩展进入一个高速发展期。1899 年以前，街道建设主要在虹口进行，此后，工程的重点移到新划入租界的泥城浜以西地区。1905 年，工部局首次颁布在东区（虹口浜以东地区，今杨浦区）建立道路网的计划。到 1911 年，界内外道路总长超过 110 英里（177 公里），为 1893 年的 3.6 倍。其中北区、东区、西区的街道长度，均已超过中区（即原英租界区域），而界外道路在 1904 年达到 19 英里（31 公里），超过 1899 年前英美租界界外道路的总长度。[1]

随着机动车的出现与普及，街道铺砌材料发生了根本性的变化。1906 年，上海出现了第一条用铁藜木块铺筑的路面——江西路以东的南京路（图 1-9，图 1-10）。1910 年，一些路段开始进行铺筑柏油马路的实验。这一时期，租界桥梁由木桥、铁桥发展为钢桥、水泥混凝土桥；路灯从弧光灯发展为白炽灯；逐步使用新型的筑路工具，包括碎石机、压路机、破路机等陆续出现；单向交通、禁行规则等新型的交通管理方法被引入上海；1897 年工部局在界内试用垃圾桶，并于 1906 年在全界内推开。

不过，尽管租界当局开展了大量的工作，但市政设施的建设还是跟不上城市发展的需求，排水系统的问题就是其中尤为

图 1-9　1906 年南京路，路面铺筑

图 1-10　1906 年南京路

图 1-11　街道遭水淹

1. 袁燮铭，《工部局与上海早期路政》，载《上海社会科学院学术季刊》，1988（4）：77-85 页。

突出的一个矛盾。一方面（工部局）不断填高路面以便修筑街道和建造房屋；另一方面因地下水的抽取使得地面沉降，每逢台风、暴雨、洪水季节，潮水上涨登陆，往往出现积水难排的情况。[1]（图 1-11）

（2）法租界的街道建设

经过前一阶段的停滞期，法租界在 1900 年、1914 年两次扩张，公董局亦两次作出针对街道体系的总体安排。

1900 年法租界扩张，西侧边界达到今重庆南路一带。4 月，公董局董事会批准了新租界区的道路总体计划 (Plan General De Routes de L'Extension)。从这一规划可以看出，前一时期确定的 145 米见方的方格网体系仍在延续。而这种对于网格的推展在法租界向西越界筑路过程中也继续体现着。1914 年法租界道路计划的制订，对于由前期越界筑路形成的法租界西区（也有学者称为法新租界区域[2]）的部分街道路网进行了进一步的优化，“巴洛克”城市设计元素的运用，林荫道、放射形路网手法的运用，使后来法租界的街道呈现出不同于公共租界单纯方格网的风貌。

此外，在公共租界和法租界之间一直有所分歧的关于洋泾浜的处理办法，在这一阶段终于按法租界前期提出的方案开始实施。1914 年，作为公共租界、法租界边界的洋泾浜上垃圾遍浮，河水污浊。在交通及公共卫生双重压力下，公共租界和法租界当局达成协议，以黄浦江疏浚之泥填没洋泾浜，东起外滩，西迄跑马厅（今人民广场），沿途小浜亦均填平，浜两岸孔子路（Confucius Road）、松江路（Sung Kiang Road）一并纳入新建道路。1916 年筑成车行道宽 110 英尺（33.5 米）、人行道宽 18 英尺（5.5 米）东西向干道，两旁植树，装设路灯，成为上海当时最宽的道路，以英王爱德华七世之名命名为爱多亚路（Avenue Edward VII，今延安东路）。而这个音译则是根据法语的发音和拼法，从这里也可以看出，在涉及两个租界共同利益问题上的相互妥协。

（3）华界的街道建设

“租界市面因道路四通八达而愈盛，华界市面因路政之不修而愈衰”，华界路政的落后，成为工部局“越界筑路”扩张租界

1. 贾彩彦，《近代上海城市土地管理思想（1843—1949）》，复旦大学出版社，2007: 30 页。
2. 刘刚，《上海前法新租界的城市形式》，同济大学博士论文，2009 年。

的重要“理由”。华界对于租界的扩张，一方面据理力争、竭力遏制；另一方面也深感自身街道建设的迫在眉睫。一批上海乡绅尝试着学习公共租界的“自治”体制，探索华界街道的近代转型，而临近的公共租界路政管理方法提供了最为直观的参照模式。华界“仿租界之式”铺筑路面、处理马路出水、安装电灯路灯。一系列管理章程的颁布“均系仿照租界章程”。这一时期，华界的街道建设主要关注于南市及稍后闸北地区的街道建设上，近代化的街道建设在华界开始形成风气。

首先是华界市政机构的成立，光绪二十年（1894）五月，上海知县黄承暄因清理南市浦滩而向沪道建议开筑马路，秉文中提及“……浦边浅滩渐次淤积。附近各租户陆续填滩成地……故浦滩愈填愈宽，造成浦面日形浅狭，既妨碍市政布局，又破坏江堤整体，其危害实非浅鲜。前经会董饬员多次查勘，议以清出界址，填筑大路，首杜租户侵占，以保滩岸安全”[1]。对于经费，也有一定前瞻性的考量：“一经马路开筑，市面既兴，地价必昂。彼时查酌情形，定价出租，所收租价，先行归还马路经费，不敷再行另筹。”[2] 这一建议得到清政府的核准，并由沪道筹办成立上海南市马路工程局。工程结束后，该机构改建为上海南市马路工程善后局。该机构成为华界最早的市政机构，但从其组织和功能来看，只能算是现代市政机关工程处中的一个组成部分。稍后于1900 年，华界“北市”闸北工程总局也告成立。1911 年辛亥革命前，上海地方绅董姚文栅于 1905 年接受改组原南市马路工程善后局为城厢内外总工程局的任务。1909—1910 年，清政府先后颁布《城镇乡地方自治章程》《城镇乡地方自治选举章程》等一系列章程，这些章程规定各地分设选举产生的议事会和董事会，实行民主自治。[3] 据此，1909 年，上海华界所辖区域被划为自治区域，管理机构由李钟珏改组为自治公所，开始“自治”管理的尝试。1911 年辛亥革命胜利，自治公所改称南市市政厅。

街道建设方面，光绪二十二年 (1896)，经清政府核准，上海南市马路工程局开筑南市马路，成为近代华界开筑的第一条近代道路。光绪二十二年勘定沿浦马路用地，自方浜口至陆家浜口，共 38 亩（2.5 公顷），同年 7 月 13 日动工，翌年 11 月 27 日竣

1. 傅湘源，《上海滩野史 · 上》，上海文化出版社，1991：86 页。
2. 上海通社，《旧上海史料汇编 · 上》，北京图书馆出版社，1998：80 页。
3. 杨宇振，《权力，资本与空间：中国城市化 1908—2008 年——写在〈城镇乡地方自治章程〉颁布百年》，载《城市规划学刊》，2009（1）：63 页。

工。路长 804 丈 (合 2680 米), 宽 3 丈 (合 10 米), 石块路面 , 名外马路 , 亦称大马路；光绪三十二年（1906）改称里。同年辟筑老道前街。光绪三十三年（1907）辟筑董家渡路、大昌街。光绪三十四年（1908）辟筑今方浜东路、黄家阙路、安澜路、林荫路、万生路。宣统元年 (1909) 辟筑大兴街、南车站路。宣统二年 (1910) 辟筑大境路、露香园路。1911—1913 年辟筑大吉路 (东段)、旧校场路、西仓桥街、万竹街，逐渐形成路巷交叉的道路网络。[1]

与租界填浜筑路相似，县城内也进行了一系列的填浜筑路活动。光绪三十二年 (1906) 填黑桥浜 , 改筑福佑路；填亭桥浜 , 改筑亭桥路 (今亭桥街) 及蓬莱路东端。光绪三十四年（1908）填新开河筑新开河路。1912—1913 年填方浜筑今方浜中路、方浜西路和东门路。1908—1914 年填肇嘉浜筑今肇周路、复兴东路、白渡路。1912 年填薛家浜筑薛家浜路等 [2]。同年，沪军督军陈其美批准县绅姚文棚等人提出的拆除上海县城墙的呈请。拆除城墙后，在原址上修筑中华路、民国路（今人民路），街道修筑于 1914 年完工。由于原城墙为华界、法租界边界，新修建街道也将成为两界间边界道路。因此，修筑过程双方各负责一半。这反映出华界与法租界之间既希望相互沟通，同时又有所顾忌的情形，以及两种市政开发模式之间的差异。

光绪二十六年（1900），为阻止租界侵越扩张，闸北绅商陈绍昌、祝承桂等人联合上海、宝山县地方人士 , 筹集股款 , 组织闸北工程总局 , 形成南北两市呼应局面，称为华界“北市”。在境南毗邻租界地区筑路造桥 , 开辟华界商埠。但由于城市总体格局所限，华界北市发展相对艰难，大量棚户区的存在使得区域内的街道建设一直处于较低的发展水平。

（4）越界筑路区域的街道建设

前一时期越界筑路打下城市向西拓展的基础，成为这一阶段租界越界筑路建设的基本骨架。1900 年公共租界越界筑白利南路（Brennan Road，今长宁路）、虹桥路、罗别根路（Rubicon Road，今哈密路），串联起当时上海近郊重要的高尔夫球场（今上海动物园）等休闲设施，而虹桥路本身也成为西人开展“猎狐踪”（Paper Hunting）等休闲娱乐活动的场所。次年 10 月，上

---

1. 参见上海市地方志办公室，《南市区志》，[2010-10]，http://www.shtong.gov.cn.
2. 参见上海市地方志办公室，《南市区志》，[2010-10]，http://www.shtong.gov.cn.

海道台布告：准工部局在西区直接与地方士绅商议租地事宜，使得以上道路的修筑得以顺利开展。1905 年公共租界再次越界辟筑忆定盘路（Edinburgh Road，今江苏路），1911 年辟筑长浜路，即大西路（Great Western Road，今延安西路）、田鸡浜路（愚园路）、霍必兰路（Warren Road，今古北路）。

这一阶段越界筑路多在前期越界筑成道路区域范围内进行填充，并且工部局和公董局均在越界筑路中有意识地通过规划引导，对于街道风貌的形成产生影响。法租界 1914 年道路计划中对于放射形林荫道的设想，使其与公共租界之间街道风貌的差异在规划阶段就已经体现出来了。与战争时期以军事为目的的越界筑路相比，和平时期的越界筑路首要考量的因素变为城市土地开发及其背后巨大的经济利益，这也从根本上改变了越界筑路的运作方式及其所形成的街道两侧风貌。上海动物园、西郊宾馆、虹桥迎宾馆等大片绿地在一定程度上保留了越界筑路初期周边景观环境的面貌，这一时期的越界筑路更多指向于城市与周末郊游度假之地的联系。

（5）街道风貌

城市交通和商业贸易需求的扩大，对城市“三界四方”分治局面提出了挑战。在政治格局和管理机制尚无法做出根本性改变的情况下，在 20 世纪第二个十年的开端，“三界”不约而同地从城市空间角度入手，开始进行有限的改变，城市空间开始融合，边界开始模糊。其中作为“三界”边界的街道成为改变的重点，无论是两个租界之间的“填浜筑路”，还是租界、华界之间的“拆城筑路”都是这个趋势使然。

相较于租界前期自发形成力量推动的街道建设，这一阶段租界内街道的规划对城市街道风貌的形成产生了较大影响，公共租界和法租界建设管理制度、规划理念的不同也强化了两界街道风貌特征的区别。

5. 近代街道体系的顶峰和衰落（1920—1945）

20 世纪的 20 至 30 年代被称为上海近代历史上的“黄金时代”。两次世界大战期间，中国民族资本借列强忙于战争，放松对于上海控制之机，在发展壮大民族工业的同时，拓展街道、兴建楼宇。上海历史街道今天为我们所熟悉的风貌大都是在这一阶段奠定和形成的。尽管民国政府的成立、大上海计划的制定也曾为一个上海街道新体系画下宏伟蓝图，但随着日本侵华战争的爆发，租界的“孤岛繁荣”仅维持了一段时间，这些美好的构想也如镜中月、水中花，无疾而终。1942 年，太平洋战争爆发，日本占领租界，“三界四方”城市分治局面事实上终结。1945 年，日本战败，但这并未带来街道建设的新发展，接踵而至的内战再度阻碍了城市的建设发展。

在此时期，汽车这一新兴的现代交通工具在城市中获得越来越多的使用，但同时人力交通工具仍有其广泛的生存空间，尤其是黄包车仍是短途客运的重要工具，其点到点服务的高性价比是当时电车所无法达到的。

（1）公共租界的街道建设

虽然公共租界的街道建设起步最早，但其受到征地制度的严重制约，交通状况迟迟未能获得显著改善。1924 年，工部局成立了一个由 15 名成员组成的交通委员会。在报告中，交通委员会强烈建议工部局寻求“三界”市政机构合作修筑“环绕租界界址周边的干道体系，以减少通过中心区的交通”，并明确指出上海道路体系的完整性受制于割裂的市政机构管理区域，以往的道路计划未从“整个城市”的角度出发。报告指出，具体措施首先应该是北区、东区和西区取得联系，包括筑路以及修建跨越苏州河与沪杭铁路的桥梁。这样的环路体系在当时的政治局势下是无法真正实现的，但确是从整体考虑城市空间联系的开端。

从 1938—1939 年编制的各个分区的道路规划图可以看出，城市的路网结构已基本完整，规划重心更多地放在道路的拓宽和局部的辟通上；由于征地困难及经济上的压力，中区大量拓宽工作根据情况单边进行；东区（图 1-12 ）和西区拓宽行为较少，更多的是对于原有路网的补充。

图 1-12 公共租界分区的道路规划图（东区）

（2）法租界的街道建设

在 1900 年、1914 年两次全面道路规划的基础上，法租界根据私人地产开发趋势，开始制订征地和道路修筑的计划与策略。到 1930 年代末，基本完成法租界 1914 年道路规划的预设结构。1938 年《上海法租界道路系统规划图》中规划的干道有大西路（Great Western Road，今延安西路）、霞飞路（Avenue Joffre，今淮海中路）、辣斐德路（Route Lafayette，今复兴中路）、敏体尼荫路（今西藏南路）、吕班路（Avenue Dubail，今重庆南路）、善钟路（Rue Sayzoong，今常熟路）等，路宽也相应放大。同年，法租界推出“整顿及美化法租界计划”。

不同于西区新建的道路，作为法租界早期重要街道的公馆马路（Rue du Consulat，今金陵东路），面对交通拥挤、街道拓宽困难的境地，最终在这一时期提出并确定了相应的解决办法：令沿街的业主们修建带骑楼的房屋——这些骑楼下的连续柱廊将用于步行交通，房屋的样式必须经过董事会的同意。这就是 1924 年正式通过的《公馆马路柱廊章程》（*Arcades Regulation Rue du Consulat*）。该章程将 1902 年规划中公馆马路 50 英尺（15.24 米）的宽度改为 74 英尺（22.56 米），其中柱廊宽 12 英尺（3.66 米），净宽 3 米，柱廊外街道通行部分为 50 英尺（15.24 米）。这种对于不同所有权在三维空间中进行分配的尝试，意图在保证两侧租地人使用面积的基础上更好地解决街道交通问题。而这种从交通出发的方案也为今天上海创造了一条风貌独特的街道。虽然从实施过程来看，最终该章程由于各种原因没有成功，在后来法租界其他街道上也没有获得进一步的推广，[1] 但这一不甚成功的尝试却造就了个别街道风貌的特殊性。而更为重要的是，在这种特殊性背后，这部章程反映出法租界相对“集权”的管理体制与公共租界“自治”管理体制对塑造街道风貌的不同影响。

（3）华界的街道建设

经过近十年的“自治”管理，华界街道建设虽有所进展，但总体较之租界发展仍显缓慢。1928—1930 年内完成闸北、沪西、浦东和沪南地区的道路系统规划，分别经上海特别市市政联席会议通过，并于 1929—1934 年公布。

---

1. 后在 1930 年公董局计划在宁兴街（今宁海东路）拓宽中再度尝试，但无法实现。

1929 年 7 月，在上海特别市政府第 123 次会议上，通过了一个空前宏大的构想，跳出旧城的藩篱，把今江湾五角场地区约 7000 亩地（460 公顷）划为大上海市中心区域，将其建设成为上海新的都市中心。[1] 1930 年 5 月开始，上海市市中心区域建设委员会正式开始编制《大上海计划》，[2] 先后于 5 月、6 月编制完成《市中心区域道路系统计划》和《上海市全市分区及交通计划》，并分别于同年 5 月 28 日和 6 月 11 日经上海特别市市政联席会议通过。

《市中心区域道路系统计划》把道路分为干道和次要道路。规划道路系统以中山北路（今逸仙路）、其美路（今四平路）、三民路（今三门路）、五权路（今民星路）、淞沪路、水电路、翔殷路和黄兴路为主干道向四周辐射，以联络租界与市内各区干道和筹建的新码头、商港、铁路；又以棋盘式和蛛网式并用，组建街坊道路，与四周干道相交。整体布局以新市府大厦为中心，三民路、五权路、世界路和大同路（未建成）为分界线，采用“中、华、民、国、上、海、市、政、府”等字作首字组词命名，组成道路网。

《上海市全市分区及交通计划》中的交通计划，则是首次将租界和华界都包括在内的针对整个上海的道路系统规划。“尤注意於全市干道系统及沪南闸北二区道路系统之确立。良以道路系统，在在足以影响今后市区之发展，苟非精密规划，不足以垂久远，而收改良之效。”

在 20 世纪 20 至 30 年代，华界的道路建设得到一定发展，道路总长度增长了两倍。其中 1934 年的增长相当的明显，尤其集中于柏油路和砂石路的增长，一方面体现了筑路技术的全面推展，同时也反映大上海都市计划在实现过程中前期对于道路投入的加强，但相对于租界而言仍有一定的差距。

（4）越界筑路区域内的街道建设

1924 年 9 月，江浙战争爆发。战争刚结束之时，上海仍处于极度的动荡之中，租界当局乘机在界外疯狂地抢筑道路，形成上海越界筑路最后的高潮。这一时期，租界方面越界筑路包括了安和寺路（Avenue Amherest，今新华路）、乔敦路（Jordan

---

1. 上海市市中心区域建设委员会编，《上海市市中心区域建设委员会业务报告（十八年八月至十九年六月）》，1930：24 页。

2.《为编印大上海计划致市府各局函》，上海市档案馆藏上海市市中心区域建设委员会档案，《编印大上海计划卷》。

Road，今淮海西路）、林肯路（Lincoln Avenue，今天山路）、庇亚士路（Pearce Road，今北翟路）、佑尼干路（Jernigan Road，今仙霞路）、哥伦比亚路（Columbia Road，今番禺路）、碑坊路（Monument Road，今绥宁路）及法华镇地区的道路。进入 1920 年代后，公共租界拨出用于越界筑路的费用以几乎每年三倍的速度飞涨。

针对此种越界筑路的扩张行径，华界向租界领事团多次抗议，却毫无效果。在此情况下，华界开始寻求同样通过筑路的方式对租界在城市空间上加以限制。具体方案是修筑一条绕过租界的环形马路，通过这条路一方面将租界快速的越界筑路行为限制起来，同时将南北两市连接起来。在 1912 年这一方案已被提出，并在局部获得实施。但因此后时局动荡，财政资金不足而停下了脚步。1927 年 11 月，上海特别市政府第二十九次会议通过全力开辟环路的决议，并以当时已过世的“中华民国”缔造者“孙中山”之名命名其为“中山路”。当时这条路的宽度超过了租界最宽的爱多亚路，成为城市最为重要的分界线，很好地起到了边界限制的作用。同时，也成为上海城市区域与非城市区域之间的分界线。

（5）战争对于上海城市建设及街道风貌的影响

后期随着战争的频发，上海从政治到经济、管理制度发生了巨大的变化，进而也对于街道风貌产生了不同于之前三界四方时期的影响。

日军占领上海初期，租界仍不在日军掌握之中，城市区域分治局面仍然保存，因此，通过延续“大上海计划”成为日本与租界竞争抗衡并获取军事、经济实力的方式。1938 年 10 月，恒产股份有限公司[1]提出《大上海都市建设计画》及《上海新都市建设计画》，其中编制了专项的道路计划（图 1-13）。该计划利用“大上海计划”已形成的道路系统，同时体现了更为实用主义的倾向：减小行政中心尺度；取消行政中心所有丁字路；道路分为四级，并针对不同的道路剖面进行设计；较多使用放射性道路，并在交叉路口较多使用环岛。恒产股份有限公司根据该计划，在 1939 年和 1940 年，分两次进行道路施工，使区域内道路系统逐步完善，环岛和放射性的路网结构基本完成。

1941 年 8 月，太平洋战争爆发，日军开始逐步接管公共租界，

---

1. 也称恒产株式会社，当时承建大上海都市建设计画的主体。

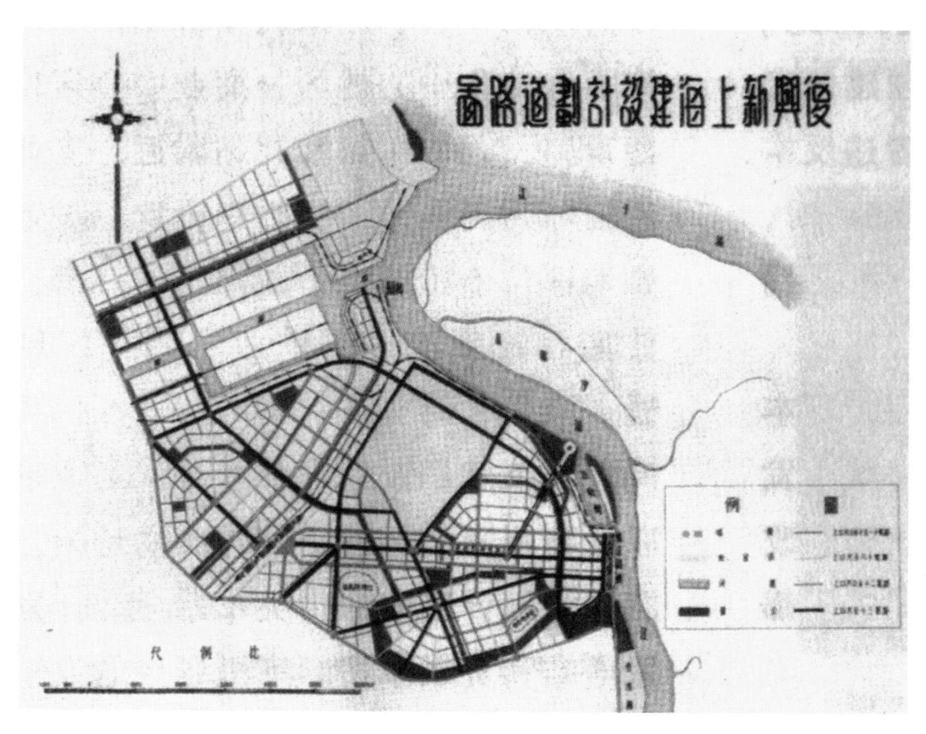

图 1-13 复兴新上海建设计划道路图

改组工部局，次年工部局外籍公董全部辞职。“三界四方”分治局面的结束使得原有的城市格局发生了根本性的变化。“1942 年，日本兴亚院编制了《上海都市建设计画改定要纲》。新的都市计画以闸北作为城市的政治中心，新市区的地位显著降低。”“可以说，《上海都市建设计画改订要纲》是上海真正第一个将租界包括在内，从总体上来考虑城市发展的都市计划……这一都市计划试图将长期以来处于分裂的城市整合起来，城市发展模式也由建设新城为主到旧城改造为主。”[1]

抗日战争胜利后，民国政府市工务局接管市政建设业务，1946 年 8 月，上海市都市计划委员会成立，制定《上海市开辟整理道路规则》；同年 12 月编制完成《大上海区域计划总图初稿草案》。规划中引进了国外近代道路规划的经验，道路按照交通功能进行分类，划分为主、次干道和地方道路。1948 年 6 月编制完成《上海市建成区干路系统计划》，分析了现有道路系统的缺点：市内各大干路，几乎都集中于城市中心区；市中心周边

1. 魏枢，《日占时期的上海都市计画》，载《城市规划学刊》，2010（4）：114 页。

道路不通畅；受到过去租界分割影响，造成南北向道路难以畅通，东西向道路过少；道路交叉过多，道路‘瓶颈’突出，人行道过狭以及道路上随便停放车辆和公交车站沿路设置，造成道路堵塞。规划提出，解决上海交通问题最经济有效的方法是引进高速道路系统和干路系统。然而，这些极具前瞻性的思考与实践，均因内战的爆发而终止。

（6）街道风貌

这一时期形成的街道风貌成为今天历史街道风貌的基础。20 世纪 20 至 30 年代这一轮的城市高速发展使得既有的街道风貌大为改观，并形成新的风貌。此后的战争使得城市建设放缓、趋于停滞，也将 1949 年前上海街道的风貌凝固在这一时刻。同时，对于历史街道风貌的认同很大程度上是带有主观选择性的，上海在 20 世纪 20 至 30 年代城市建设到达的高度及其在东亚乃至全球城市中的地位，使得今天的人们在主观价值判断上对这一城市发展“黄金时期”，也是上海进入 20 世纪后的第一个城市高速发展期的街道风貌有着强烈的选择倾向性。

突破了“三界四方”的固有格局和界限，上海的城市发展在这一时期开始被更多地作为一个整体看待，对于城市的街道连通及在总体层面考虑城市的未来发展的观点在租界和华界均有一定的影响。无论是租界方面提出的《道路规划》还是上海特别市提出的《道路计划》及大上海都市计划里面的思想，都提及了这个对于上海城市发展、街道建设有着至关重要影响的问题，并在各自的立场上提出了解决办法，尽管这种真正的融合在多年之后才逐步实现。

第三节 城市结构角度的上海历史街道风貌

对于上海历史街道风貌的深层理解离不开针对从“分”到“合”的城市结构变化中街道所起角色的深入研究。上海近代自开埠到1949年前经历的近百年历史中的城市发展，绝大多数时间处于“三界四方”分治的城市格局中。这种“三界四方”之间的分治关系又是相对的，各个部分相互之间有着密切的关系，到20世纪城市分治格局进入稳定阶段，这一阶段内城市作为一个整体的需求不断加强，这种关系可以被概括为一种“分而不断”的状态。今天，作为整体城市的历史街道又体现为一种“合而不同”的状态。不同历史时期、不同管理制度下形成的历史风貌多样性在同一个城市结构中共存，共同建构形成城市的集体记忆。

“分治城市”的特殊城市结构及其对街道风貌的影响。“分治城市”是指由于政治因素、边界变更、现有构成等因素造成的在同一城市内有两个及两个以上不同政治实体的城市。[1] 上海近代“三界四方”的结构中，公共租界、法租界与华界三个政治实体并存，构成“分治城市”的结构要素，其发展过程中的“华洋并置”“多国租界共存”的局面形成了不同于其他城市、特殊的城市结构，对于今天城市特色的形成起着决定性的作用，也对城市街道风貌的形成与变化产生了巨大的影响。

“分治城市”的结构特点，很多时候受到其不同的政治实体在意识形态、经济运行模式及城市建设管理制度上不同的影响，表现为相对于其他城市更为多样性的城市风貌。首先，各个部分不同的意识形态对于城市风貌的形成与变化起着决定性的影响；其次，各个部分的经济运行模式不同，尤其是城市土地使用管理模式的不同对城市形态和街道风貌产生本质性的影响；最后，意识形态层面和经济运行模式层面的差异往往需要通过城市建设管理制度的转译后才能在城市空间中得以体现。在政治、经济和制度层面因素复杂交织影响下，充满差异但又不乏共同点的城市发

---

1. 参 见 *List of divided cities* - Wikipedia，[2010-3-29]，http://en.wikipedia.org/wiki/Divided_city

展模式成为“分治城市”不同街道风貌形成变化的重要影响因素。

在分治城市结构中，除了具有一般街道的交通、公共生活载体等功能外，一些街道空间发挥了一般街道所不具备的特殊功能。而这些功能往往与分治城市特殊的结构密切相关，并因此呈现出一些特点鲜明的风貌特征。由于“分”的存在，街道往往成为边界，或者不同区域内的主轴；由于“合”的需求，街道往往又成为跨越边界的工具。具有这些特殊功能的街道由于其与分治城市结构的密切关系，往往成为城市主体结构中的重要组成部分。同时，对应于不同的分治区域，又存在着大量的与城市次级结构密切关联的街道体系，综合形成以下四种分治城市结构中特有的街道类型。

1. 作为边界的街道

分治城市中，不同政权形式的并存决定了区域间边界的存在，其中有一些边界是自然形成的，如利用了河流对城市的分割；另一些边界则是人为塑造的，例如“交通运输线的分隔力量”[1]，而街道也是这种人为塑造城市边界中的重要组成部分。有些街道作为边界，并不直接对于城市空间加以隔断，而是通过街道名称或街道两侧的界石或其他元素加以限定。在上海近代城市历史上，很多边界街道被称为“界路”。而当分治区域中不同的政治、军事力量的对立程度极高时，作为边界的街道也会成为割裂城市空间的、实实在在的分界线，这些街道往往还会伴随有人工筑起的围墙、铁丝网等设施，共同形成边界。

（1）一般意义上的城市边界

城市最初的边界往往是由一些自然元素构成的，如河流、山脉等，但更多仅依靠自然元素形成边界是不够的，因地制宜改造利用自然元素并辅之以人工元素形成城市防御性边界的案例更为常见。上海老城厢城市边界由城墙和相应街道形成的体系也经历过这样一个过程。

1.[美] 斯皮罗 · 科斯托夫，《城市的组合——历史进程中的城市形态的元素》（*The City Assembled—The Elements of Urban form Through History*），邓东译，中国建筑工业出版社，2008：105 页。

老城厢城市边界作为一般意义上的城市边界，不同于很多中国传统城市的方形边界，受天然河流影响的上海县城城墙接近于圆形。并且，由于县城东侧黄浦江及北侧苏州河带来的交通、贸易上的推动，使得县城城门的开设呈现不均衡分布状态：靠近河流的东侧、北侧城门数量明显多于西侧和南侧。受其影响，开埠前上海城墙内外的街道体系也显示出这种分布的不均衡性，更多地集中在靠近黄浦江一侧的城墙处。城墙在 1912 年拆除后，被所修筑而成的中华路—人民路的环形街道所代替。

（2）“三界四方”结构中作为边界的街道

英租界边界最初确定的过程中，自然元素起到了很大的作用。由黄浦江—苏州河—洋泾浜共同形成的四面环水的区域作为英租界最初的选址，体现了英国殖民者最初到达上海对于安全需求的考量。仅有河道作为边界对于安全的需求仍是不够的，停泊在黄浦江河道上的军舰作为殖民者安全的重要依靠，使得其第一批修筑的建筑沿黄浦江展开。航运和城市建设的双重需求使得修筑沿河道路（今中山路外滩段）成为首要任务，也使得早期租界内主要街道自东向西拓展成为一种必然。

在此后边界的历次扩展中，自然元素仍然起着重要作用。公共租界的各轮拓展中，苏州河一直是中区、西区北边的边界；而对东区而言，黄浦江则是东侧的重要边界；法租界在 1914 年扩张阶段的南界是依肇嘉浜形成的，而西界的今华山路部分也与河流有着密切的关联。而边界变更对于街道风貌带来了新的影响，一方面表现为新的边界街道的不断产生；另一方面也表现为原先的边界街道融入区域范围内，其在整体结构中的作用发生了变化，但其在前一阶段中起到边界作用的过程中产生的特殊风貌的片段仍会以各种方式被整合到新的城市结构中（图 1-14）。

（3）作为边界街道的风貌特点

作为边界的街道，其形成往往呈现“先河后路”的特点，由河转路的过程又大都经历了“沿河筑路”和“填河筑路”两个阶段，这对边界街道特殊风貌的形成带来一定的影响。

首先，街道平面受原有河道影响较大，以爱多亚路（今延安东路）为例，其街道走向、宽度均和成路之前原有河道的走向、宽度有很大关联，经过多轮改造后往往仍保留其蜿蜒的风貌。

其次，街道宽度较宽。一是随着填河筑路，并将原有两侧街

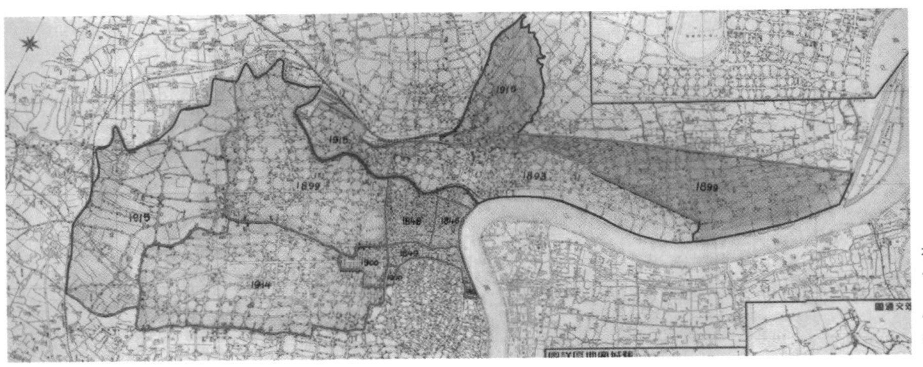

图 1-14 街道作为边界示意图

道纳入新筑街道范围，往往使得街道宽度较其他街道为宽，这在爱多亚路的修筑过程中非常明显；二是由于边界在特定的历史时期还带有缓冲区域的因素，使得其预留宽度相对较宽。

最后，街道两侧风貌往往不统一、不一致。在一些特殊的案例中，街道本身因分治的影响，体现出不同的风貌。如天目东路，其前身为宝山县与上海县界浜。1904 年，填浜筑路，定名界路[1]。因其北侧建有沪宁铁路站，公共租界和华界分别筑路，两路并列，铺筑材料各不相同，中有铁栅隔开，这种局面一直持续到租界消失。而更多时候，作为边界道路，两侧分属不同的区域，往往其街道风貌有所不同。例如南京路在界路（今河南路）两侧的风貌在很长一段时间内“中式”“西式”泾渭分明。而这种风貌的不同随着边界的推移不断变化，这在早期英租界边界从最初的界路（今河南路）向泥城浜（今西藏路）推移的过程中两侧风貌的变化有很好的体现。

1949 年后，这些曾经作为边界的街道由于相对较宽、基础较好且位置重要，在此后历次交通改造拓宽过程中，往往成为改造的重点，其历史风貌大都发生了比较彻底的改变。

2. 作为区域主轴的街道

分治城市的不同区域经由自然发展或人为规划，多会形成区域内不同于其他街道的一条或几条主轴街道。这些区域性的主轴

1. 作为租界边界的道路往往被命名为界路，在上海近代历史中除天目路外，还包括西藏路及河南路。

街道往往会受到政治上更多的关注及经济上更多的投入，以体现其所在区域政治、经济上的优越性，其各自形成的风貌特点也成为整座城市风貌多样性的重要来源。

对于分治城市，区域主轴街道在承载了交通、公共生活等街道一般功能的基础上，进一步被赋予政治、经济和宗教的表征功能。上海近代城市“三界四方”结构的各个区域均在发展过程中形成具有区域代表性的主轴街道。随着区域的扩展，其主轴街道也经历了延展与转移的过程，对相关历史街道风貌的变化产生影响。

（1）公共租界内的区域主轴街道

在《土地章程》规定下，英租界早期形成了五条垂直于外滩的东西向街道，随着其后城市发展逐步形成比较均质的方格网街道体系。其中，花园弄既不是修筑最早，也不是修筑最宽的街道。随着一系列事件的发生，特别是跑马场的三次搬迁使得南京路原先具有的区位优势潜质得以充分表现，逐渐形成公共租界最重要的东西向主轴。其后，经历多轮的改造，南京路成为公共租界租地人“自治”管理体制下，资本力量在街道空间中竞逐的重要案例，从两侧不断刷新高度记录的百货楼到上海独一无二的木砖铺砌，使得南京路商业氛围不断得以加强，这些也成为其历史风貌的重要组成部分。

（2）法租界内的区域主轴街道

法租界早期街道建设相对较缓，145 米见方的路网一直到 19 世纪 60 年代才逐步形成。由于早期法租界南北向宽度较窄，位于中间位置，东西向贯通早期法租界整个区域的公馆马路（今金陵东路）体现出作为区域主轴的潜力。领事馆、教堂及其后公董局大楼在公馆马路两侧的修建，不断强化了其作为区域主轴的地位，也为公馆马路特殊风貌的形成奠定了基础。后期，随着法租界向西拓展，其空间主轴经历了从公馆马路向霞飞路（今淮海路）、贝当路（Avenue Petain，今衡山路）的转移过程，对于理解法租界城市结构具有重要的意义，而这三条街道在不同时期形成的特殊风貌也成为今天上海历史街道中弥足珍贵的组成部分。

（3）华界老城厢内的区域主轴街道

华界老城厢在其街道系统的近代转型中经历了从南北向主轴街道向东西向主轴街道的改变。在早期东西向河流为主要水路交通基础上，南北向的三牌楼路等街道起到了陆路交通主轴的作用，串联起豫园、城隍庙、县衙等重要场所。随着东西向河道不断被填没，东西向更为宽阔的街道陆续出现，使得主轴街道角色逐步落到这些街道上。其中方浜填没后形成的方浜路串联起县城内县衙、豫园、城隍庙、文庙等重要场所，成为区域主轴街道之一，并形成不同于租界的街道风貌。国民政府成立后，由于原老城厢的市政基础相对薄弱及租界的存在对于老城厢发展的限制，国民政府将城市发展中心放到江湾地区，也使得其规划的带有重要政治表征作用的街道以完全不同的形式出现。

（4）作为区域主轴街道的风貌特色

不同区域的主轴街道因区域开发管理理念的不同、承载功能的不同，表现出完全不同的风貌特征。

南京路作为公共租界区域主轴街道，最初始于从外滩到游乐场辟筑的一条小路，即花园弄。随着第二跑马场的开辟，花园弄向西延伸至今河南路口，铺碎砖煤渣路面，可跑马、行车，习称“马路”“大马路”。咸丰十一年（1861），在今人民公园和人民广场处辟第三跑马场，花园弄再次向西延伸至泥城浜。同治四年（1865），改名南京路。在变迁的过程中，南京路街道宽度从早期的 6 米扩展到 12 米，沿街建筑从二层为主上升至 6 层为主，街道空间的平均高宽比从开始的 1∶2 到后来的 2∶1，最终局部达到 3∶1。20 世纪 20 至 30 年代，汽车、电车的出现对于街道风貌产生了根本性的影响，而电灯灯杆、横跨街道的电线也成为喧嚣都市意向的重要组成部分。街道两侧建筑的样式从早期的以中式、西式差别泾渭分明，到后期相对混杂；从早期相对朴素的街景到中期大量的商业旗幅的出现；进入 20 世纪 20 至 30 年代，四大百货公司在南京路两侧的相继建立，南京路两侧地价激增，商业表征上的需要推动着两侧建筑在高度上竞相攀比，在风格上争奇斗艳。店招、旗幡、霓虹灯的使用烘托出浓烈的商业氛围，各大百货公司及著名商店鳞次栉比，高楼大厦摩肩接踵，南京路成为典型的商业风貌的历史街道。

作为其向西拓展延伸形成的南京西路，最初称静安寺路，因寺成路，先寺后路，是一条连接跑马场与静安寺、并作为南京路延伸段计划的道路。静安寺路最初为土路，长约 3.22 公里。自 1869 — 1896 年，陆续铺设碎石路面。1891 年，马路两侧种植悬铃木。1914 年，卡德路以东路段改用沥青碎石修筑。1927

年，静安寺路全路改铺沥青混凝土路面。这时，静安寺路路幅宽达 50 英尺（15.25 米）。改革开放前，南京西路（静安寺路）大部分路段仍然基本保持 1949 年前约 20 米的路幅，绿化良好，只有西康路（小沙渡路，Route Lafayette）和铜仁路（哈同路，Hardoon Road）间的一小段在 1954 年修建中苏友好大厦（今上海展览馆）时拓宽。南京西路历经多轮改造，风貌发生较大改变。

公馆马路（今金陵东路）作为法租界早期区域主轴街道，最初为连接沿路领事馆、公董局、自来火行等重要公共建筑的道路，后针对交通问题，公董局采纳了沿街两旁房屋底层改建拱廊的方案，柱廊风貌在当时的上海是独一无二的。不过由于《柱廊条例》对于街道景观的限制，使得金陵东路在很长一段时间内缺乏行道树，但柱廊的存在对于两侧商业业态产生的影响是巨大而深远的。

随着法租界向西扩张，1901 年起修筑的霞飞路（今淮海路）及 1922 年起修筑的贝当路（今衡山路）由于其在新结构中特殊的区位使其成为法租界新的区域主轴街道。在这一过程中，前期越界筑路打下的道路基础及徐家汇教堂提供的空间对景，成为霞飞路、贝当路风貌形成的重要因素。同时，受到“城市美化运动”的影响，一些“巴洛克”风格城市设计手法，如宽阔的街道、高大的行道树、丰富的街道对景等被大量采用，在一定程度上，与 19 世纪中后期奥斯曼的巴黎改造计划及 1909 年伯纳姆（Daniel Hudson Burnham，1846—1912）的“芝加哥规划”有一定相似性。

方浜路作为原华界区域主轴街道，其前身是东西向贯穿老城厢的一条名为“方浜”的干流。方浜自小东门入上海县城，流经城隍庙前，过馆驿、陈士安、广福寺桥、出中心河桥，汇入城南肇嘉浜，方浜北岸原有街道称为小东门大街。1914 年，上海南市市政厅填没淤塞的方浜，筑路铺以弹街路面，曾名“庙前大街”，后称方浜路，逐步形成老城厢重要的东西向干道，并连接起老城厢县衙、豫园、城隍庙、文庙等重要场所，使得其成为区域主轴街道之一。自然弯曲的河道形态给填河形成的方浜路带来独具特色的街道风貌，街道两侧连续的建筑界面也对其风貌起到加强作用。方浜路两侧建筑以二层为主，下层商铺，上层居住的传统沿街商业建筑模式以及两坡顶结合老虎窗、封火山墙形成的风貌特点，在当时老城厢建筑传统中具有一定的代表性。同时，受到租界影响，沿街建筑局部有拱券等西式建筑特征的融入。方浜路修筑过程中铺设的弹街路，也是老城厢街巷甚至是上海历史街道极具代表性的路面铺砌材料，成为方浜路风貌的重要组成部分之一，但在 20 世纪 70 年代被陆续铺筑的沥青混凝土路面所取代。

华界其他区域被横亘在其中的租界分为南市、北市两个部分，其发展受到很大的限制，在原有结构中延拓区域主轴街道步履维艰。江湾地区围绕新规划的城市中心区域，一系列纵横交错的新建街道体系的形成，及其规划过程中现代主义城市理念的引入，带有国民政府特色的路名体系的建立，都体现出有别于前的特点。尽管由于战争的影响，大量街道仅完成道路部分的铺设，未及形成完整的街道风貌，但对于今天上海江湾地区的街道体系、城市风貌的形成仍起到至关重要的作用。

3. 跨越边界的街道

既然城市不同区域间有边界，自然也就会有跨越城市边界的物质元素，有些时候，这种跨越边界的角色是由街道完成的。在近代上海“三界四方”的城市结构中，边界一方面体现为城市建成区与周边区域的一般边界；另一方面也体现为三界之间特殊的边界。而相对应的，在这样的城市结构下，跨越边界的街道也分为两类：一种是连通公共租界、法租界、华界建成区的跨界街道（如四川路、河南路等）；另一种则是跨越城市建成区和周边区域的街道，在上海近代很多时候表现为租界“越界筑路”，以街道建设的方式向城市周边拓展的现象，并成为上海城市化过程中一种特殊的途径。两种不同的跨越边界的方式，在其发展历程上都被打上上海近代“三界四方”城市发展格局的特殊烙印，在其相对应的街道中也呈现出不同的风貌。

（1）连通不同区域的街道

由于公共租界与法租界沿黄浦江自东向西横向展开，使得连通“三界”不同区域的街道多呈现为南北走向。今天城市中具有代表性的南北向街道，如四川路、河南路、西藏路等均曾是历史上重要的跨越不同区域的街道。由于其在城市结构中的特殊性，跨越“三界”不同区域的街道在其风貌上往往呈现出较其他类型街道更为丰富的多样性。

同样由于租界东西向发展，使得城市长时间处于南北向街道缺乏的困境。1949 年后，随着“三界”区域界限的消失，上述几条南北向跨越不同区域的街道均经历了多次以解决交通问题为目的的拓宽工作，形成今天上海的多条南北向交通干道，其街道历史风貌在历次拓宽过程中大量消失。历史风貌中物质信息的丧失，使得这一类型街道在城市历史结构中的重要性被进一步忽视，形成了一种恶性循环。

（2）越界筑路街道

越界筑路的历程从某种意义上来说是上海城市化拓展的一种特殊表现方式，其修筑街道的方向及其形成的区域也对近代上海城市化历程产生重大的影响。从租界选择的位置来看，东临黄浦江，尽管浦东在近代上海也颇有发展，但跨越黄浦江在当时的技术条件上并非易事；租界的北面受到正在发展兴起的华界闸北地区的拦阻；租界的南面同样受到华界南市地区的影响以及更南侧黄浦江河道的阻挡；只有租界西侧的地区，既是上海的腹地，又是连接太湖流域水乡沃野的主要通道。这里农田和未加开垦的林地、河滩犬牙交错、水网密布、地价低廉，因此便成为租界当局大规模地进行越界筑路的重点地区。而其向上海西部纵深发展中，修建的道路已经揽入数倍于原公共租界的用地面积，俨然是准租界的架势，急切扩张之心跃然纸上。这也是大量西方侨民富商在此定居，修建奢华的花园别墅的原因。[1]

越界筑路的特殊性使其街道风貌，随着其不同阶段归属性质的变化呈现不同，往往是前期越界筑路过程中以道路部分建设为主，其他设施相对简单，两侧界面也不完整。一旦经过租界扩张，将越界筑路区域纳入租界范围后，街道界面及相关区域迅速建设，街道风貌发生明显的变化。

（3）跨越边界街道的风貌

四川路历史上由北至南跨越华界北区、公共租界、法租界，是一条具有一定代表性的跨越边界的历史街道。四川路南段（今四川南路）南起人民路北至延安东路部分归属法租界；四川路中段（今四川中路）南起延安东路，北迄南苏州河原属英租界区域，后纳入公共租界；四川路北段（今四川北路）在开埠前为上海、宝山两县乡间农田，开埠后不久，其大部为美租界所占，后纳入公共租界，其规划管理归入公共租界北区。光绪年间，经历三次筑路，最后在光绪三十二年（1906），工部局越界向

1. 钱宗灏，《上海近代城市规划的雏形（1845—1864）》，载《城市规划学刊》，2007（1）：107-110 页。

北将北四川路筑至虹口娱乐场（今鲁迅公园）。对于这一越界筑路行为，中国地方政府一直未予承认，四川北路在靶子路以北名属闸北华界，但道路却由工部局行使警权，两侧治安则由华界警察掌管。

跨越边界的特性，赋予街道风貌更为丰富的多样性。自北向南，四川路各段呈现不同的建筑风格。北区混合有受日本影响的建筑及中国传统建筑，多伦路地区的鸿德堂及乍浦路附近的东本愿寺（现已不存），虽并不紧邻四川北路两侧，但均是周边区域内具有代表性并明显有别于其他区域的历史建筑案例。中区穿越公共租界中区核心区域，成为公共租界街道管理相关条例严格控制的范围，四川中路与福州路交叉路口历史上为工部局所在地，也是公共租界最为严格控制的街角处理案例。南区四川路与公馆马路的交叉口，受到《公馆马路柱廊条例》规定的影响，局部柱廊的处理手法也展示了其风貌不同的侧面。同时，由于修筑主体的不同，其各段之间，尤其是一些接头部分，往往成为交通“瓶颈”所在。

虹桥路是工部局 1901 年越界辟筑向西道路，修筑之初曾称佘山路，原企图通向佘山，后遭华界反对而作罢；改称虹桥路，以附近虹桥镇命名。1921 年虹桥机场的辟建，加之沿线环境幽静、交通便捷、地价低廉，引来各路房地产商，捷足先登者有怡和洋行、马勒地产、美孚石油等公司，后来沙逊洋行、麦边洋行、普益洋行和一些外侨、买办、富商、民国政要，也纷纷在这一带开发房地产，建造别墅及宅第。尽管街道宽度不断拓宽，两侧也从历史上的“乡野风貌”逐步成为今天完整的城市建成区，但由于街道北侧历史上形成的以上海动物园、西郊宾馆、虹桥迎宾馆及南侧上海市总工会工人疗养院内相对完整的历史地景的存在，与以罗别根别墅等为代表一批历史建筑共同构成了虽不完整，但仍具有独特性的历史街道风貌。

4. 分治区域内的次级街道体系

在每个分治区域内，除了带有政治、经济表征作用的主轴街道外，往往也会形成特定的次级街道体系。由于次级街道体系的复杂性和多样性，这一部分的内容无法完全展开。基于历史研究及现实问题的考量，本书选择了比较有代表性的区域加以深入分析。

图 1-15　1921 年工部局的道路计划平面（局部）

（1）分治区域内次级街道体系的特点

街道在生活中不仅仅是一个线性概念，更多时候是一个网络。在这个局部网络中，有区域主轴街道形成的核心，同时也有次级街道体系的支撑，很多次级街道体系与区域主轴街道保持着密切的关联。次级街道往往与前文所提及的区域主轴街道同属一个网络体系，在保持一定距离的同时有着密切的联系。比如法租界内的福开森路（ Route Ferguson，今武康路）与霞飞路、贝当路的关系。

“三界”之间不同的街道建设管理制度在次级街道体系中的体现往往更为明显，如公共租界早期“自治”模式下形成的私人街道，美化法租界运动影响下形成的“花园别墅”区都有着鲜明的区域特点，也为我们通过街道外在风貌的变迁理解其背后建设管理制度内因打下基础。

（2）具有代表性的分治区域内次级街道风貌

街道往往被认为是城市公共空间的重要部分，但这不代表着街道就一定是公共的，不同时期的私人街道的概念也有所不同。一般而言，私人街道指不依靠公共费用维护，并不受公共权力管辖的街道。[1] 在近代上海，尤其在公共租界早期的街道体系中，私人街道的存在为理解公共租界“自治”管理提供了特别的视角。“工部局的道路计划平面中，街区内除主要道路外，还绘有两条明确标明‘私有的’道路（Private Road）——兰心私路（非正式的称呼）和倍尔福路（Balfour Road，今虎丘路）。”[2]（图 1-15）

公共租界“外滩源”地区的两条私人街道的共同特点是，东西向起到连接南北向公共道路（圆明园路、博物馆路）的作用，但根据每条路所处位置的不同及业主的差别，其风貌及其后纳入城市公共路网的过程也有着明显的差异。兰心私路是归属于兰心剧院的一条私人街道。由于位置比较特殊，该路与香港路完全对应，恰好可以纳入公共路网，起到贯穿城市级道路网的作用。1874 年 3 月，工部局董事会决定“向兰心剧院的托管人出

1.[美] 斯皮罗 · 科斯托夫，《城市的组合——历史进程中的城市形态的元素》（*The City Assembled—The Elements of Urban Form Through History*），邓东译，中国建筑工业出版社，2008：192 页。

2. 王方，《外滩原英领馆街区及其建筑的时空变迁研究（1843—1937）》，同济大学博士论文，2007 年。

价 500 两”取得部分地皮，“以便在圆明园路和诺门路之间修一条马路”。但由于该路所属租地人兰心剧院是当时重要的西侨娱乐场所，其为了自身利益出发，希望独立决定道路的关闭与开放。1929 年剧院迁址，道路关闭；1932 年道路重新对行人开放；1932 年 12 月又完全关闭。工部局多次与租地人就私人道路转为公共道路的问题进行协商，但始终未能成功。在租界时期，该道路始终保持着私有的性质，但很可能双方达成了某种协议，使得道路在大部分时间内向公众开放。倍尔福路则由于处于三处产业之间，无法完全体现其私有性质，一直处于实际的开放状态。该路上所开设的建筑出入口，也是按倍尔福路 X X 号编制门牌号，从某种意义上说，具有一定公共道路的属性。

这一区域的滇池路早期名为“仁记路”，从其中文译名也可以看到起作为私人街道的特点，归属于仁记洋行（Gibb, Livingston & Co. Ltd.），1846 年被改为一条公共道路。但很长的一段时间里，其路名保持不变，一直到租界晚期才纳入用城市名命名道路的系统，消除了其私人道路最后的残留特征。

在公共租界的租地人“自治”管理模式下，公共道路和私人道路的同时存在成为一种可能，而私人道路又根据其涉及的业主的数量不同具有不同的性质。多家业主的存在，使得道路必须具有更大程度的开放性。这种开放性不仅表现为时间上的，同时表现为对应人群上的开放性。即便是归属于一家业主的私人道路，也无法完全无视城市的公共需求。因此，私人道路的私人属性和公共属性，一直是一个根据时间在变化的相对概念。

法租界福开森路（今武康路）大致为南北走向，北起华山路，南至淮海中路接天平路、余庆路，长 1183 米，宽 12 ～ 16 米。由法租界公董局于 1907 年修筑，以美国传教士福开森命名。1943 年汪精卫政府接收租界时改名武康路，得名于浙江省武康县（今已并入德清县）。

不同于早期法租界方格网发展模式，武康路体现了在后期法租界发展过程中，轴线放射性街道体系的建立对于城市次级街道体系的影响。福开森路由于其位置和走向的特殊性，成为由海格路（Avenue Haig，今华山路），霞飞路（今淮海路），麦琪路（Route Alfread Magy，今乌鲁木齐中路）围合形成的次级街道区域的中心。一方面，其南侧与淮海路交界的六岔路口及武康大楼的存在，形成武康路及这个次级街道区域的进入标识；另一方面，武康路的走向也对与其相交的更次一级的街道如湖南路、泰安路产生影响。而通过地籍图的研读，武康路与原有土地划分方式非正交关系的发展方式形成大量沿街的三角形地块，通过沿街建筑的处理形成一系列三角形的沿街半公共空间，成为武康路风貌的特色。同时，武康路的案例研究也说明，对于城市结构的理解仅限于宏观城市尺度是远远不够的，将历史形成的、有相近特征的区域不断细分，形成次级街道体系，并在各个层级的体系中去寻找历史街道在结构中的作用，对于历史街道风貌形成及改变的理解有着巨大的帮助。

第四节　制度内因角度的上海历史街道风貌

近代上海，在“三界四方”城市格局下，不同区域内不同的城市建设管理制度对于城市形态及街道风貌的影响是巨大的。同时，由于任何城市建设管理制度在其制定和实施过程中，都受到当时当地特定环境的影响。租界建设过程中，带有强烈西方殖民色彩的城市建设管理制度与上海传统城市建设模式在将近 100 年的时间里激烈碰撞，形成了丰富的变化。

1. 近代上海城市建设管理制度及其对于街道风貌的总体影响

“上海毫无疑问是一系列土地章程发端的地方。”[1] 而这一系列章程又可以追溯到道光二十五年（1845）上海道台宫慕久与英国领事巴富尔签订的《土地章程》，这一“被西方殖民者视为租界地区建设的根本大法”[2] 的文件。

钱宗灏先生在《上海近代城市规划的雏形（1845—1864）》一文中将《土地章程》对于城市建设作出的原则性规定总结为四条：“①就道路规格提出了对于宽度的初步要求；②就最基本的市政设施提出了要求；③就建设经费的来源问题定下了由投资人自筹，以及投资人之间公平分摊的原则；④初步提出了建设与管理的事务由民间筹创特定组织机构执行的原则。”[3] 而《土地章程》中确立的“永租制”[4] 及两年后出台的土地文契制度——道契[5]，

1.William Richard Carles, *Some Pages in the History of Shanghai, 1842-1856 : A Paper Read Before the China Society on May 23, 1916*, Forgotten Books, 2008: 8.

2. 上海城市规划管理局，《上海城市规划管理实践——科学发展观统领下的城市规划管理探索》，中国建筑工程出版社，2007：11 页。

3. 钱宗灏，《上海近代城市规划的雏形（1845—1864）》，载《城市规划学刊》，2007（1）：107-110 页。

4. 永租制，被称为“不被称为买卖”的土地买卖制度。名为永租，实为买卖，其意义在于规定土地永远归承租人使用，事实上确立了租界空间的私人领域的合法化。（张鹏，《都市形态的历史根基——上海公共租界市政发展与都市变迁研究》，同济大学出版社，2008：26 页）

5. 道契，即外国人向中国人租赁土地而由中国官厅发给的一种契纸。原名“出租地契”，因为最初由江海关分巡苏松太兵备道道署盖印发给，简称道契。自 1930 年后，上海市土地局接办洋商租地事务以后，这项契纸的名称改为“永租契”。

对于此后租界乃至整个城市发展的意义重大，而对于“国租”和“民租”之间的差别造成公共租界与法租界街道建设和城市发展制度上的差异也越来越受到重视。

（1）1845 年《土地章程》

1845 年《土地章程》总计 23 条，其中开篇的 4 条，均直接与街道建设相关，体现了租界形成初期街道建设在界定空间方面起到的基础作用；并有 7 项条款直接提及街道管理事宜，此 7 项条款对于租界中公共用地加以限定；11 项条款对于街道两侧土地租地的规定，可以看作对于私人用地的界定；另有 3 条为专项协调租界内华人与洋人以及英国人与其他外国人之间关系的条款；2 条为章程执行及违反后处理的条款。

其中，针对街道建设中的公共安全和卫生问题，在第一条[1]、第三条[2]与第十八条[3]中，均对街道及其两侧建筑作出规定，限制威胁公共安全的行为出现。其中主要体现在：杜绝两侧用地及其建筑侵占街道用地现象；开拓路面以预防火灾；两侧用地污物不影响街道清洁等。其中尤以第十八条规定最为细致，其对于两侧建筑、搭建、檐口挑出问题的限制性规定，对于街道交通、环境及两侧建筑的功能起到了控制作用。

针对街道建设过程中的公共、私人利益界定问题，在第二[4]、三、四条[5]中均涉及对“原有路径”的叙述，包括“杨（洋）泾浜以北原有沿浦大路、打绳旧路、旧有官路”等，最大限度地借用原有路径的优点之一就是能最大限度上避免土地权属问题上的

---

1. 第一条：商人租赁基地，必须地方官与领事管会同界定，注明步数、亩数、竖立石柱。如有路径，应靠篱笆竖立，免致妨碍行走。

2. 第三条：商人租定基地内，前议留出浦大路四条（既现北京东路、南京东路、福州路、广东路），自东至西，共同行走，一在新关以北（现北京东路），一在打绳路（Rope Walk Road，今九江路），一在四分地之南（今福州路），一在建馆池之南。又原先宁波栈房西至留南北路一条，除打绳路旧有官尺二丈五尺（8.3 米）外，其余总以量地官尺二丈（6.7 米）宽为准，不惟往来开阔，并可预防火灾。

3. 第十八条：前议界内不得搭盖易烧房屋，如草棚、竹屋、板房等；不得收藏危险可以伤人货物，如火药、硝磺及多存火酒等；不得占塞公路，如造房、搭架、檐头突出、长堆货物等；并不得令人不便，如堆积污秽、沟渠流出路上、无故吵闹喧嚷等；皆系为出保房屋货财，永图众商平安也。

4. 第二条：杨（洋）泾浜以北原有沿浦大路（今中山东一路），系粮船牵道，后因坍没未及修理，先既出租，应行由各租户将该路修补，以便往来。……其既修之后，任凭催船员役及正经商人行走，不准无业游民在此窥探……

5. 第四条：商人现租基地内旧有官路，兹因行走人多，恐有争竞。议于浦江以西，小河之上，北自军工厂旁冰厂之南官路起，南至杨（洋）泾浜河边厉坛西首止，另开二丈宽直路一条，公众行走。

争执及其带来的经济补偿问题，而这种策略减少了公共、私人利益矛盾带来的纠纷，对建立初期的英租界建设起到积极的作用。第十二条[1]中，对于英租界街道修筑及相关市政建设过程中公共领域和租地人之间的权利义务加以界定。1846 年成立的道路码头委员会负责这一阶段的道路修建。同时，该委员会在英租界确立了租界内的市政设施投资由土地承租人以“公众”名义负担的模式，即确立了租界公共事务主体是租地人，开辟新路由租地人共同商议、经费由租地人自筹、分配方式为租地人公平分担。该模式的确定对英租界及此后的公共租界街道风貌的形成起到巨大的作用，也为英租界及此后的公共租界不依赖于英国领事的“自治”建设管理模式奠定了基础。

针对街道建设中的华洋关系问题，第九条[2]被解读为确立“永租制”的核心条文，其实质在于协调洋人租地人与华人所有土地之间的关系。此外，在其他 7 条相关条文中，提及华洋关系的处理与协调，涉及生活习惯、丧葬习俗等各个方面，说明在章程制定之初，华洋关系就一直被放在首要的关注层面中。第十五条[3]被普遍认为是早期租界“华洋分居”关系的具体表现，可以看出“外国人和中国人之间的隔阂很深，欧洲人为了安全的考虑，设法住在一起，他们认为只有联合起来才能与数量上占优势的中国人抗衡。中国人（主要指清政府官员，译者注）则想让外国人都住在指定的区域，而且离开得越远越好”[4]，也为这一阶段处于“华洋分居”关系下街道风貌的产生带来巨大影响。

在 1845 年《土地章程》中，针对街道的风貌及其美学考量在文字中几乎没有体现，说明在开埠之初，对于公共安全、公私关系及华洋关系的关注程度远超越美学问题。但对于这些问题的关注很大程度上影响到此后街道风貌的形成，联系到当时对于华界街道狭窄、拥挤、肮脏并充斥着各种搭建的描述可以看出，《土地章程》中对于街道建设行为的规范，尤其是对于公共卫生、环

---

1. 第十二条：商人租地并在界内租房，自杨（洋）泾浜以北，应行公众修补桥梁、修筑街道、添点路灯、添置水龙、种树护路、开沟放水、雇募更夫，其各项费用，由各租户呈请领事官劝令会集共同商捐。
2. 第九条：商人租地建房之后，只准商人禀报不租，退还押租；不准原主任意退租，更不准再议加添租价。商人如有将自租基地不愿居住，全行转租别家、或将本面基地分租与人者，除新盖房屋或租或卖及垫填等工费自行议价外，其基地租价只可照原数转租，不得格外加增，以免租贩取利，致令华民借口，均应报明领事官，照会地方官会同存案。
3. 第十五条：现在英商来者比前较多，尚有未曾租定基地之人，自应在界内会同设法，陆续添租地基，建房居住。该处本地居民，不得自相议租，亦不得再行建房、招租华商……
4.《上海》，载《德文新报》（*Der Ostasiatische Lloyd*），1906-9-7：460 页。

境的限制性规定，虽未对风貌环境进行直接的控制，但间接成为改变传统街道风貌及市民观念的重要举措。

（2）1854 年《土地章程》

1853 年小刀会起义过程中，在华界老城厢受到巨大冲击的同时，租界也受到一定的影响。租界管理方深感华界政府官员无法保护租界，提出建设共同组织，“以防外界之危险及改良界内之行政之需要”[1]。遂由英美法三国领事商议，改订《土地章程》，并在 7 月 11 日租地人大会上通过。由于其制定过程越过华界政府，故华界政府一直否认其合法性。1854 年《土地章程》条文较 1845 年《章程》为简单，总计 13 条，其中与街道、道路建设直接关联的有 2 条。除了在租界界限方面进行拓展外，其关注重点仍是协调公私关系及华洋关系。

1854 年《土地章程》第五条[2]是对于 1845 年《土地章程》中“预留公地，实施道路建设”思想的进一步深化，明确了道路及储备道路用地的公共性质，也对于街道两侧公共、私人利益作出进一步的界定。

相比较 1845 年《土地章程》，修订后的章程中不再有严格禁止华人在租界内建房居住的条款，尽管第八条中提出，“不准华人起造房屋草棚，恐遭祝融之患”，但这一条款更多是从公共安全的角度规定建筑的类型和建造技术。同时，根据徐公肃、丘瑾璋对于上海公共租界的制度的分析显示，中英译本中对于牵涉华人的条文有所出入。其中该条款中 “禁止华人用篷寮竹木及一切易燃植物建造房屋”等规定，在英文章程中并无对“华人”特定限制的字样，[3] 说明中译可能存在误差的同时，也体现了“华洋分居”模式在逐步地消解，转化为“华洋混居”的模式，这种转化对于街道风貌也产生了进一步的影响。

（3）《土地章程》的进一步修订及其附后规例

此后，《土地章程》又经历了多轮修订。其中 1869 年的《土地章程》中第六款提出了租地人抗议道路计划及工部局重新审议

---

1. 蒯世勋，徐公肃，邱瑾璋等，《上海公共租界史稿》，上海人民出版社，1980。
2. 第五条：留地充公，凡道路、码头前已充作公用者，今仍作公用。嗣后凡租地基，须仿照一律留出公地，其钱粮归伊完纳，惟不准收回，亦不得恃为该地之主。至道路复行开展，由众公举之人，每年初间察看形势，随时酌定设造。
3. 蒯世勋，徐公肃，邱瑾璋等，《上海公共租界史稿》，上海人民出版社，1980：57 页。

计划的程序，成为在保障公权力的基础上为私人权益表达提供的路径，为《土地章程》更好地协调公私关系提供了更为完整的架构。同时，1869 年修订的《土地章程》第六款对于"越界筑路"作出规定：外国人可以"购买租界以外接连之地、相隔之地，或照两下言明情愿收受（西人或中国人）之地，以便变成街路及建造花园"。[1] 该条款由英法美等五国驻京公使议定公布（未经中国政府批准），成为此后公共租界和法租界"越界筑路"的依据。

在 1893 年制定的《新定虹口租界章程》中，公共租界的街道建设管理制度的影响范围越过苏州河，达到虹口地区。由于区域原为华人聚居区域，《新定虹口租界章程》中用了大量篇幅规范华人与洋人在租地过程中的利益协调问题，[2] 也成为此后公共租界《土地章程》的一个组成部分。

《土地章程》在 1898 年和 1907 年又陆续增订，针对在公共租界街道建设过程中由于征地产生的大量超支现象，提出新增沿路业主的分摊道路建设费用的原则，对于街道建设资金渠道的开拓进行了新的尝试。

《土地章程》附后规例共 42 条，作为《土地章程》的补充，其焦点在于私人建筑行为与公共所有道路及市政基础设施之间的关系处理上，成为与城市市政建设关系最为密切的租界法规，[3] 其内容分为排水、道路及附属设施、垃圾污秽处理，公共空间秩序与安全几个方面。其中与道路相关的部分对于此后公共租界的街道风貌产生了一定的影响：第九至二十条对工部局在公共道路建设上的管辖权作出规定；第二十一至二十四条规定了伸出道路之外的私人设施，如天窗、阳台、台阶等在造成道路不便时的处理办法。该规例与《公共租界房屋建筑章程》及四部有针对性的特殊规则一起对于公共租界的街道建设和城市形态进行了详细的规定。

经过这一系列的增订及补充，《土地章程》作为租界基本制度，建立并逐步完善起来，对租界街道建设及城市发展起到关键且持续性的作用。

---

1. 王铁崖，《中外旧约章汇编 · 第 1 册 1689—1901》，生活 · 读书 · 新知三联书店，1957：293 页。
2. 第一条：……如系华民之产，已允永远租与工部局，每年租洋五元，由工部局付与地主以及地主之后裔，或转买该地之地主；……第二条：倘工部局欲筑公路穿过华人产业，则须动工之前，预先商议购地，及搬迁房屋或坟墓在路线上者。第四条：凡筑公路，不能穿过义冢。
3. 张鹏，《都市形态的历史根基——上海公共租界市政发展与都市变迁研究》，同济大学出版社，2008：74 页。

（4）《土地章程》对于街道风貌的影响

土地制度的变化，是城市建设发展以及街道风貌变化的根本动因。作为近代上海土地制度变化中最为关键的环节——《土地章程》的出现及发展，对于上海街道风貌在东方传统与西方影响碰撞之中逐步走向现代，起到决定性的作用。其对于上海近代“三界四方”不同区域内的街道风貌的差异产生了根本性影响。

首先，《土地章程》对于近代上海租界街道风貌的影响是显而易见的，同时还潜在地影响着华界街道风貌的变化。在《土地章程》的控制下，一种完全有别于华界传统街道建设方式的新的方式，在距离华界不足百里的地方逐步建立起来，更为宽敞、整洁的街道风貌对于传统街道产生了巨大的冲击，也促使华界有识之士对于租界城市建设管理制度进行深入的探究，并尝试按照租界模式对华界街道风貌加以整治。

其次，对于租界内部而言，《土地章程》及其修订也促成其内部街道风貌产生差异，其中最具影响的就是华洋分治关系对街道风貌产生的作用。1845 年和 1854 年两轮《土地章程》体现了从华洋分居到华洋混居的转变，影响着早期租界内的街道风貌。在一系列界路（包括河南路和后来的西藏路）两侧街道的历史照片中都能看到这种差异的痕迹。随着华洋分居局面的打破，这种街道风貌的差异性更多地被不同区域间的融合趋势所取代，但华洋关系对于城市建设和街道风貌的影响并未削弱，在一些特定的问题或特定的事件中还会激化。

此外，国租、民租体制造成公共租界、法租界街道风貌的差异。国租租界（Concession）与民租租界（Settlement）间的制度差别对于公共租界和法租界街道风貌的差异产生的影响相当深远。[1] 国租是一种基于国与国之间的行为，也就决定了国租租界土地的基本公共属性，这为后来法租界公董局引以为豪的公共市政设施建设提供了必要保证。[2] 而民租使得土地性质变得更为微妙，这种基于国家干预下的土地私人交易，使得后期工部局的很多道路建设受到影响，同时也成为公共租界租地人“自治”管理模式的法理基础。无论是英租界的道路码头委员会，还是后来公共租界的工部局，均向租地人大会或纳税外人会议负责，而非向英国政府负责。这种根本性的制度差异为其后公共租界和法租界街道风貌的差异埋下了伏笔。

---

1. 蒯世勋，徐公肃，邱瑾璋等，《上海公共租界史稿》，上海人民出版社，1980 年。
2. [法] 梅朋，傅立德，《上海法租界史》，倪静兰译，上海社会科学院出版社，2007 年。

2.“三界”街道建设管理机构设置及其制度的制定

随着租界的逐步发展，公共租界渐渐形成西方立法、行政、司法“三权分立”的政权组织模式，其分别对应特定的权力机构：立法机构一纳税人大会（Rate-Payer' Meeting）；行政机构一工部局[1]；司法机构一会审公廨，其核心是制定基于租地人“自治”管理的城市建设管理制度，而作为“自治”管理机制中的行政机构，工部局在城市建设管理实践中，受到来自英美等国政府及领事方面的影响相对较小。公共租界这种基于“自治”管理的行政建制明确了如何协调街道两侧租地人之间的利益关系，并在街道建设管理过程中影响街道风貌的形成。

对于公共租界设立的城市建设管理机构、制定的制度及实施过程中的“自治”管理思想，以法国领事为代表的法租界当局一直有着不同的看法，最终导致法租界于 1862 年退出公共租界。时任法国领事的爱棠为独立运行的法租界建立了不同于公共租界的城市建设管理制度，并建立起与公共租界工部局相对应的法租界的行政机构——公董局。公董局在其管理职能、机构设置方面均与工部局有所不同，这些不同之处对于法租界及公共租界街道风貌的差异性起着巨大的影响。

随着租界街道建设管理制度逐步为华界所了解，华界开明乡绅越来越感受到学习租界城市建设管理制度、设立华界街道建设管理机构的迫切性。1895 年华界成立南市马路工程局，随着清末“地方自治运动”的开展，1905 年上海成立了地方自治管理机构“城厢内外总工程局”，下设街道建设管理的行政机构，效法租界以繁荣华界。西方城市建设管理制度在近代上海华界区域内，与地方传统建设管理方式发生了碰撞，并且对街道风貌产生了巨大影响。

（1）公共租界街道建设管理机构设置及其制度的制定

英租界在创立之初直接处于英国领事的控制之下，随着租界的发展，基于“盎格鲁·撒克逊”文化特有的价值观，公共租界中“自治”管理的思想在其后的发展中逐步成形，“无论是早期的道路码头委员会，还是公共租界市政机构工部局均向租地人大会或纳

---

1. 其前身为“道路码头委员会”（Committee on Roads and Jetties）。

税人会议而非英国政府负责"[1]。而随后"工部局的成立、巡捕的设立、义勇队的成立攫取了租界的管理权和行政权以及对租界华人的管辖权、征税权……"[2]。这种租地人"自治"管理的背后是商品经济的法则。由于缺乏来自母国或其他方面的经济来源，公共租界内的筑路经费由使用道路的界内业主摊派，业主私人出资，工部局代为铺路，使得租界内街道作为"公共空间"的概念有了特殊的含义。

1846 年成立的道路码头委员会作为工部局的前身，从机构名称上充分表明了其对于城市基础设施建设中的核心环节——道路建设的关注，但它并不是一个全面的行政管理机构，仅是领事馆下属的一个负责公务、税收的机构。随后，道路码头委员会开始了租界内的街道建设，在不到 10 年的时间里，修筑了界路（今河南中路）、外滩、花园弄（今南京东路）等为数不多的土路。1854 年 7 月，在英、法、美三国领事讨论新一轮《土地章程》的居留地西人会议上，当时的英国领事阿礼国提出了建设全面负责租界事务的市政机关，并在这次会议上选举产生了由 7 名董事组成的行政委员会（Executive Committee），不久后改为市政委员会（Municipal Council），中文名工部局，其工部之译源自清代六部之一的工部[3]。原道路码头委员会的职能转移至工部局下设的道路、码头和警务小组委员会。从工部局产生之初的组织系统来看，其上有"纳税外人会"和"华人纳税会"，并由"纳税外人会"产生"董事会"，由"董事会"组织各个事业的委员会。工部局的组成方式，充分体现了其"自治"性质。工部局的重要行政工作的开展，均取决于该组织的董事会，其董事人员随着发展数量不断增多，并且各国籍成员的数量不断变化。"但所有董事，均为名誉职，并不支薪。"[4]其候选人的资格、选举、增补均有详细的规定，其名额根据国籍分配，"武断而悖理，全依各国之实力为转移"[5]，但可以看出，这样的决策机构的产生方式决定了其所在国及其领事权在其中影响力微弱，而起着决定性作用

1. 张鹏，《都市形态的历史根基——上海公共租界市政发展与都市变迁研究》，同济大学出版社，2008：28 页。
2. 熊月之主编，潘君祥，王仰清卷主编，《上海通史　第 8 卷国民经济》，上海人民出版社，1999 年。
3. 张鹏，《都市形态的历史根基——上海公共租界市政发展与都市变迁研究》，同济大学出版社，2008：56 页。
4. 蒯世勋，徐公肃，邱瑾璋等，《上海公共租界史稿》，上海人民出版社，1980：117 页。
5. 蒯世勋，徐公肃，邱瑾璋等，《上海公共租界史稿》，上海人民出版社，1980：144 页。

的是租界租地人，具有很强的自治特征。在公共租界经常收入比较来看，房捐、地税也一直是租界经常性收入中的重要组成部分，比重接近 70%，在保证租地人利益的同时也成为租界正常运行的经济基础。

城市建设管理过程中，街道两侧公私利益的协调是一个带有普遍性的问题，需要有一个出现问题后具有独立裁断权的机构。工部局的处理方案是建立一个具有相对独立性的地产委员会（Land Commissioners）。[1] 具体负责事务包括，公断让出公地时间，决定偿价；公断路旁执业人应分担的工程费；对于工部局所定建筑物章程或规例表达意见，但不具有否决权。[2] 这一有着独立第三方性质的机构保证了在对于有争议问题协调过程中的公信力，也确保其裁决为最终定论。为了确保这种公信力，地产委员会成员均直接由纳税人大会选举产生，并规定“凡公局有奉人员不得被选为地产委员”。

除此之外，工部局工务处是工部局中直接负责街道市政等设施建设的部门，设处长一名，在工部局各个部分开支中仅次于警务处，列第二位，从一个侧面体现了其工作在工部局中的地位。其下设 9 个部门，土地测量部（Land Surveyor's Branch）负责“拟计划，测量，接洽购得土地以扩展马路及他项应用，及征收地税”。建筑测量部（Building Surveyor's Branch）负责“查核界内新建筑之计划及改造房屋或加增之计划，发给许可证，检查不安全之建筑”。道路工程部（Highway Engineer's Branch）负责“修理，维持及清洁现有之道路，衖路，建设新路”。公园及空地部（Parks and Open Space Branch）负责“管理一切工部局花园，空地及行道树”。以上部门的设置覆盖了现代街道从规划、建设、市政、两侧建筑管理、绿化、开放空间管理等方方面面，为租界街道建设管理工作的开展提供了机构上的保证。

公共租界的街道建设内容包括新建、修缮、取直、拓宽街道以及相关市政设施建设等，很多情况下涉及土地“私有”转为“公有”的空间让渡过程，在具体实施过程中一般分为“制订计划——征地——建设实施”三个环节。其中征地环节由于受到公共租界租地人“自治”模式的限制，往往成为难点。其能否成功，很大程度上影响到街道修筑计划能否实现。[1] 租界形

1. 该委员会遵照 1898 年土地章程第六款甲，成立于 1900 年 5 月。
2. 蒯世勋，徐公肃，邱瑾璋等，《上海公共租界史稿》，上海人民出版社，1980：142 页。

成初期，征地的问题尚不突出。随着租界的发展和工部局的成立，在 1854 年《土地章程》中规定“工部局道路计划颁布后才租地的业主必需无偿让出计划中作为公共土地的部分”。但当时“租界内的不少外国侨民拒绝服从工部局的政令，认为政令发布者‘是一个没有明确合法根据的团体’”[2]。因此，对于道路计划的实施，工部局主要依靠领事的强制力执行。例如，1855 年，工部局颁布了一系列由时任领事阿利国部署的筑路计划，其执行过程中，相关人员与领事达成一致，“如果任何人侵占道路路线上的土地，又拒绝把他的围墙搬移到正当的界线，工部局可以请领事执行他们的愿望”[3]。1869 年再次修订的《土地章程》第六款规定：工部局可以为公共目的购买土地，才真正完成公共租界中征地主体从领事到工部局的转移，征地权限从无偿到有偿的转变。[4]

此后，尽管创建近代化的城市道路一直是工部局的“首要职责之一”，但在公共租界内辟筑或拓宽一条道路，必须向业主购买土地，其街道修筑计划往往仍不得不受到征地带来的压力。因此很多时候不得不把谈判时机选择在火灾之后或是房地产不景气的时期，即便如此也常遭拒绝。由于公共租界的“自治”性质，工部局的路政权利并非绝对“合法”，[5] 使得其对于土地征用权往往不被承认。并且，商人逐利的本性使他们在涉及公共利益问题的考虑中，不愿放弃私人利益，甚至在租地人及纳税人的议事过程中，私人利益会得到更多的考虑。[6] 同时，由于早期租界的半封建、半殖民地性质，工部局的路政权也在一定程度上受到中国地方政府的制约，这对于公共租界街道两侧风貌的形成同样有着一定的影响。

---

1. 王方，《上海近代公共租界道路建设中的征地活动》，载《全球视野下的中国建筑遗产：第四届中国建筑史学国际研讨会论文集》，同济大学，2007：226 页。
2. 孙慧，《试论上海公共租界的领事公堂》，载《租界里的上海》，上海社会科学院出版社，2003：216 页。
3. 上海市档案馆，《工部局董事会会议录》，第一册，上海古籍出版社，2001：（1856 年 5 月 7 日会议录）。
4. 王方，《上海近代公共租界道路建设中的征地活动》，载《全球视野下的中国建筑遗产：第四届中国建筑史学国际研讨会论文集》，同济大学，2007：226 页。
5. 袁燮铭，《工部局与上海早期路政》，载《上海社会科学院学术季刊》，1988（4）：77-85 页。
6. 王方，《上海近代公共租界道路建设中的征地活动》，载《全球视野下的中国建筑遗产：第四届中国建筑史学国际研讨会论文集》，同济大学，2007：231 页。

（2）法租界街道建设管理机构设置及其制度的制定

法租界与公共租界制度的差别与其原有的政治体制的不同有着密切的关系。“两个租界既相互竞争又利益相关，公共租界采用大不列颠的自由主义制度，法租界则奉行雅各宾派的传统。一边是商人寡头挖空心思维护自身的利益，另一方面则是专制官僚自称要为共和理想服务。”[1] 这种差异的核心在于两个租界各自领事与行政机构之间的相互关系上。

与公共租界不同，法国领事更多地介入到具体的城市建设管理之中，并与具体制定与实施相关制度的行政机构——公董局之间一直维持着一种微妙的平衡关系。这种关系对于城市空间的公共性具有重大的影响，对于街道及其两侧地块公共、私人关系及其间权利、责任的界定，与公共租界基于租地人“自治”管理的模式有相当的差异。公共租界和法租界对于城市建设中很多的分歧和矛盾，也来自这种建设管理制度间的差异。法国领事爱棠曾经明确表达其对于公共租界工部局及其实行的“自治”管理制度的不满：“当我考虑到这个以投票多寡决定一切的上海商业集团中，盎格鲁·撒克逊分子在利益和数量上所占的优势；特别是当我想到正在滋长的尔虞我诈的心理，想到愈益增长的宗教对立，想到作为他们喉舌的英国报纸的态度，想到两位领事无法迫使该报对我们保持一个可以接受的中立态度，我就不禁意识到今后需要有所防备，而最好的防备，毫无异议，是法租界的‘独立’和‘分离’”[2]。这既解释了爱棠此后推动法租界脱离公共租界的原因，也侧面反映了的两个租界文化背景上的差异。

1862 年 4 月 29 日，由法国领事爱棠颁布法令，成立法租界公董局董事会。新成立的公董局中机构相对工部局简单得多，仅设巡捕房和道路委员会，而且“这个委员会作用很小，差不多只限于有关眼前利益的道路问题”。而日常“照管道路、码头、路灯和一切有关路政的事务”[3] 均由巡捕房总巡捕负责。然而，单靠巡捕房无法全面完成法租界日常管理工作。1864 年，董事会将公董局分为三个部门：巡捕房、总办间和公共工程处。新成立的总办间负责监督道路的管理和公共建筑物；公共工程处则负责

1.[法] 白吉尔，《上海史：走向现代之路》，王菊、赵念国译，上海社会科学院出版社，2005：97 页。

2.[法] 梅朋，傅立德，《上海法租界史》，倪静兰译，上海社会科学院出版社，2007：101 页。

3.[法] 梅朋，傅立德，《上海法租界史》，倪静兰译，上海社会科学院出版社，2007：223 页。

项目的实施。受到公共租界的影响，1865—1866年，法租界领事当局与公董局之间产生了严重的内讧，很大原因在于公董局试图改变现有的管理方式，试图削弱领事的地位，扩大公董局的职权，形成类似于公共租界的“自治”管理模式。而这种尝试受到法租界领事当局的强烈反对，当时的领事白来尼坚持认为：“公董局的董事只是行政管理人员，而不是权力机构”[1]。随着矛盾的升级，最终白来尼解散公董局，并于1866年颁布了《上海法租界公董局组织章程》，明确了法租界领事当局的地位，从而为这次冲突写下了终止符。

《上海法租界公董局组织章程》是协调法租界城市建设的基本文件。首先董事会的产生过程不同于公共租界的租地人推选制度，法租界公董局由“法国总领事和通过选举确定的四个法籍董事，四个外籍董事组成”。[2]而“董事会仅在总领事召集时开会”[3]；且“总领事有权停止或解散董事会”[4]。领事当局对于法租界有着明确的支配权。在章程架构中，董事会只是一个咨询机构，一切议事应听从领事的决定，租地人大会的职权被全部取消，董事会不受纳税人的监督，而受总领事严密的监督。其议定事项包括“开筑道路和公共场所，计划起造码头、突码头、桥梁、水道，以及规划路线走向，确定市场、菜场、屠宰场、公墓等地点，改善卫生和整顿交通的工程”。同时，章程也指出“公董局应负担关于道路、排水和供水、路灯等行政事务”[5]。

(3) 华界街道建设管理机构设置及其制度的制定

开埠前的上海，“道台是上海各方面的首脑，职责繁多，如治安、关税、外交、洋务、学校、开埠造路等均由其监管或任总办。”[6]而这种管理是相对松散的，其实施基于地方官员的“躬亲厥职而勤理之”[7]。但由于没有专门管理城市建设的机构设置，街道及相关市政建设很多时候“保持着传统的东方模式：大工程由官府组

1.[法]梅朋，傅立德，《上海法租界史》，倪静兰译，上海社会科学院出版社，2007：267页。
2.《上海法租界公董局组织章程》，第一条。
3.《上海法租界公董局组织章程》，第六条第一款。
4.《上海法租界公董局组织章程》，第八条第一款。
5.《上海法租界公董局组织章程》，第九条第七款、第八款。
6.黄杰明，《晚清上海城市社会控制的近代化》，《大庆师范学院学报》，2012（2）：110-116页。
7.转引自刘子扬，《清代地方官制考》，紫禁城出版社，1988：111页。

织兴建，地方官吏或士绅则时而捐资兴办一些慈善事业”[1]。华界市政的这种状况一直持续到20世纪初叶，其特点在于民间控制力量的强大，而绅商是这种民间控制力量的主要部分。这种力量通过同乡、同业集合的方式组织起来，大量会馆、公所在当时起到推动街道及相关市政基础设施建设的作用。

随着租界的发展，尤其是公共租界在市政建设中体现出来“自治”管理的优势，使得大量有识之士反思和检讨华界传统的街道建设模式，大量关于华界和租界街道风貌优劣及其背后原因的讨论，体现了当时华界开明绅商意识到要改变华界街道建设的落后面貌，必须从制度入手，改变传统的街道建设管理机构和相应建设模式。向公共租界的租地人“自治”管理模式学习成为最为直接且有效的选择。光绪三十四年（1908）七月由民政部拟定，三十五年（1909）一月颁布的《城镇乡地方自治章程》对于中国的现代化及与之密切关联的城市化之间有着“划时代”的意义，[2]也对上海华界“自治”管理产生了巨大的影响。《章程》规定了“各地分设选举产生的议事会和董事会，实行民主自治”。而上海也在此基础上开始了自治机构的建设。地方自治不同于传统地方士绅对社会的民间控制，“在于其有比较完备的章程和组织，也有比较明确的职责范围，它不再是地方官府放任自流、自生自灭的纯粹民间组织”[3]。

上海最早的具有现代市政建设管理组织雏形的机构可以追溯到成立于1895年的上海南市马路工程局。此前，上海地方并无现代意义上的市政建设管理部门，关于清道、路灯、筑路修桥等事项均归慈善团体同仁辅元堂负责。上海南市马路工程局由清政府核准，并由当时的沪道刘麒祥开办，其核心事项在于如何“公举董事”。在当时与会的乡绅认为，“估量当时上海地方情形，普选制度还不能立即实行，只有‘先就向来办事诸绅商中共同选举’的一种办法”[4]。其最后的结果很大程度上仍受到原有的同业、同乡组织的影响，其中的主要人员成为董事的基本组成。从其组

1. 熊月之，《上海通史》，第4卷，上海人民出版社，1999：88页。
2. 杨宇振，《权力，资本与空间：中国城市化1908—2008年——写在〈城镇乡地方自治章程〉颁布百年》，载《城市规划学刊》，2009（1）。
3. 黄杰明，《晚清上海城市社会控制的近代化》，《大庆师范学院学报》，2012（2）：110-116页。
4. 上海通社，《旧上海史料汇编（下册）》，北京图书馆出版社，1988：154页。

织机构来说，上海南市马路工程局只能算是现代型的市政机关中的工程处。工程局成立后，修筑成南市的外马路，项目完工后，该局即改为“上海南市马路工程善后局”。紧接着在 1898—1900 年，吴淞开埠工程总局、闸北工程总局相继成立，虽开展一系列街道建设管理工作，但这些机构仍然为清政府的下设机构，限于当时条件，无法展开对于华界街道的全面建设。对于上海街道及市政设施建设全面发展起到关键作用的还在于地方自治制度的倡行。

随着时局变化，清政府改良日衰，“中学为体、西学为用”的口号也逐步失去其曾有的光环，体制上更为深入的改革成为越来越多社会精英群体的共识。1905 年，在清朝地方政府的支持下，地方绅董姚文枏等接收改组城厢内外总工程局。总工程局最后完全撇开了清朝地方衙门的那套管理办法，而借鉴租界采取了“三权分立”的西方政权体系，设代议机关议事会，负责选举和监督，并“决议关于本局一切事件”；设执行机关参事会，下设户政、警政、工政三科，其中的工政科（下设测绘处、路工处、路灯处）成为负责华界街道及相关市政建设的机构。司法则有独立的裁判所负责。[1] 议事会章程规定：“议董由本地绅士及城厢内外各业商董秉公选举”；选举人必须“年纳地方捐税十元以上满三年”；被选举人必须“年纳地方捐税二十元以上满三年”。1909 年，该局因所辖区域范围被划为城自治区域，由李钟珏等改组为城自治公所。辛亥革命后，自治公所改称南市市政厅。北市随即也成立自治公所，接着改组为北市市政厅。“三界四方”中华界的“两方”自此清晰确立。同时也有闸北工程总局因经费呈请官办的情况，在一段时间内，这种自治与官办同时并存成为上海市政管理的特点。上海城自治公所、上海市政厅的成立，对于改进上海南、北两市华界的市政、治安工作起到积极的作用，而很多关于路政、消防的做法都借鉴了公共租界的经验。

袁世凯窃取政权后，北京政府打压上海地方自治，1914 年下令解散地方自治，南北市政厅由官方接收。南市市政府改称上海工巡捐总局，北市市政厅改称闸北工巡捐分局。自此，进入了动荡时期，两机构几经变更，工作时而停滞。直至 1927 年，上海特别市成立，两机构被市政府派员接收。

---

1. 贾彩彦，《近代上海城市土地管理思想（1843—1949）》，复旦大学出版社，2007：57 页。

3.“三界”街道建设管理制度的实施

（1）公共租界

1855 年，英租界发布了《上海洋泾浜以北外国居留地（租界）平面图》，是上海近代最早的官方道路规划。该规划提出，租界地区道路布局基本采用方格网形式，总体呈现“棋盘式”格局。此后，英租界外滩至第三跑马场之间区域建设基本按此规划逐步展开。光绪二十五年（1899），公共租界扩张后，工部局将租界分为东区、西区、中区和北区（或中北区）四区，并开始编制与租界分区一致的分区道路规划图，每年或每两年编制一次。区域内路幅逐渐加宽，规划逐步完善，并基本按图纸进行建设。其规划图底图为街道两侧地籍图，清晰反映街道两侧的地块权属关系，并将拓宽后街道与两侧现有地块重合部分用红色标出，这种表达方法本身即体现了对于租地人利益的高度关注。尽管如此，其中很多红色部分待拓宽路段由于与租地人的沟通协调方面的问题，最终未能实现（图 1-16）。

图 1-16　公共租界分区道路规划图（西区、中北区）

随着道路的建设，街道修筑技术在此过程中也逐步现代化。19 世纪 50 年代前，街道铺砌部分一般只是“掺和一些沙石、平整夯实”而已，50 年代末基本改进为“碎石铺筑，后用煤渣铺面”，随后又逐步以弹石（小方石）、混凝土等材料修筑路面。[1] 光绪三十一年至宣统三年（1905—1911），工部局在南京路陆续铺设铁藜木路面，木块面层下垫厚 20 厘米水泥混凝土承重层，成为上海第一条高等级道路。宣统二年（1910），在静安寺路（今南京西路）试铺沥青混凝土。1915 年，首次在福建路铺筑水泥混凝土。市政设施方面，1862 年，南京路、九江路等主要街道两旁开始铺设人行道，并在街道建设的同时修筑系统的排水设施。[2] 同年，租界内大英自来火房（后改为英商上海煤气股份有限公司）筹建，1864 年建成，1865 年开始供气，仅供点燃英租界内 58 盏路灯，第二年增加到 205 盏并开始供给外侨家庭。随后供水设施、供电设施的建设也往往和道路建设结合，道路及其下方市政设施的现代化为上海城市的发展奠定了基础。

1865 年，外滩滨江大道开始种植行道树。一年后，英租界

1. 杨文渊，《上海公路史》，第一册，人民交通出版社，1989：25 页。
2.《1861 年度工部局年报》。

主要道路设立中英文两种文字的路牌。出于对于交通和行人安全的考虑，工部局规定“招牌离地必以七尺为率”。1874 年 3 月，部分中国店铺对此条例“知照妄闻”，工部局遂派巡捕“将低挂之招牌一并去除，存于捕房，各令投候公堂谕话，始准给还”。这种对于街道商业界面的控制对于街道风貌的改变起到积极的作用。

在众多建设管理制度当中，沿街建筑物的高度控制一直是街道风貌控制中的核心问题。公共租界对于街道两侧建筑高度加以制度性的控制由来已久，其中比较有代表性的有《中式建筑规则》和《西式建筑规则》及后来形成的《通用建筑规则》。这些规则中有关建筑物高度的限制，对于形成街道界面起到了巨大的作用。工部局对此有着严格的控制，“反对任何会造成交通拥挤和损害通风采光条件的做法”，并在 1920 年 5 月指出“九江路是最典型的、因为没有严格遵守建筑规则而造成不好后果的失败例子”。[1]

在第一阶段，1900 年代左右，对于建筑高度的主要控制因素在于对建筑本身安全的考量，尽管有与街道两侧既有建筑高度关联控制的条款，但尚未形成对于街道与建筑直接关联的控制关系。在第二阶段，1910 年代左右，引入了“房屋沿公路之任何一点其高度自马路线起不得超过与该路自对面起之宽度的 1.5 倍，若该马路拟放宽者，其高度以拟放宽之路线为准。若该屋拟建于路之转角，临建筑之路不止一路者，该屋高度以其沿较宽之路为标准。其沿较狭之路门面之长度得与沿较宽之路门面相等（惟不得逾 80 尺）”[2]（27 米）。这样的制度约束形成对于公共租界整体沿街建筑风貌的控制基础，也决定了完整街墙结合局部地标建筑（如宗教建筑等）控制城市天际线的城市基本街道风貌意向。在第三阶段，1930 年代，在保持街道与建筑高度 1.5 倍控制的基础上，细化了建筑物上部的收进关系，一方面是对于租地人商业利益的考虑与街道视觉美观之间的一种协调，另一方面也为装饰艺术（Art-Deco）风格在 20 世纪 30 年代在上海建筑中的流行起到了推动作用。

公共租界内许多颇具特色的街道风貌都或多或少受到沿街建筑物高度控制这一特定制度的影响。比如 20 世纪 20 至 30 年代，在外滩的多轮改造中，工部局多次援引建筑前 150 英尺（46 米）

---

1. 上海档案馆：卷宗 U1-14-6015 号（《关于外滩附近建筑物高度的函件》），9 页。
2. 陈炎林，《上海地产大全》，上海地产研究所出版，1933：740 页。

永久性空地的条款，以控制街道空间。同时，又对于沿外滩建筑加以不同比例的高度放宽，但基本控制在原定高度的 50% 以内，在制度实施同时，保留适度弹性，塑造出今天富有魅力的外滩沿江建筑界面。再比如南京东路这样典型的商业街道，两侧建筑高度和层数直接影响到租地人经济利益。1926 年，南京路在工部局的道路规划中被定为拓宽至 80 英尺（24 米），按照建筑规则其两边沿街建筑高度应能达到 120 英尺（37 米）。租地人根据其利益诉求，建议对于其建筑高度的限制应当进一步放宽。建筑师哈沙德提出将 120 英尺限高放宽到 125 英尺（38 米）的主要原因就在于能更好地布置 10 层楼商业面积，以获得更佳的商业利益。而当时的工务处副处长在 1929 年 10 月提交的报告中则指出，计划拓宽南京路的主要原因在于满足日益增大的交通量，而随之增加的建筑高度则一定会带来更高的交通密度，从而给交通带来进一步的压力。几经争论，最终工部局仍是坚持了既有建筑规定中对于建筑高度的控制。

（2）法租界

现存最早的法租界道路系统规划图是清光绪二十六年（1900）编制的，其范围东起外滩，西至亨山路（今重庆中路），北起爱多亚路（今延安东路），南至雅砻江路（Rue Ya Long King，今自忠路）。其图纸表达方式与公共租界的道路规划图异曲同工，以红色部分标明新开筑道路或拓宽道路部分。一个值得关注的地方在于：与公共租界道路规划不同，法租界道路系统规划图底图并未加入道路两侧地籍图信息，一方面使得其规划中放射性路网关系更为明晰，另一方面也体现了其在这一过程中对于两侧租地人利益关注的相对淡化。1900 年 10 月 10 日，公董局董事会作出决议，除非得到法国总领事同意，否则从嵩山路起，其西面租界扩充区内要建造的任何建筑，都必须按照欧洲习惯用砖头和石块建造，且这种房屋设计图必须经过公董局工程师批准。在任何情况下，都不准建造用木材或土墙建造的简陋房屋。同时，还规定“凡拟造新屋之一切地面至少须高出人行道 3 寸，若无人行道之处至少须高出最近公路起拱点 3 寸”（约 10 厘米）。

1938 年 11 月，公董局拟订《整顿及美化法租界计划》（图 1-17），公布《法租界市容管理图》，将整个法租界划分为几个拥有不同建筑类型的区域。特别是先划定若干个住宅保护区，防止所谓不美观、不卫生的里弄房屋侵入，并划定若干空地，专供

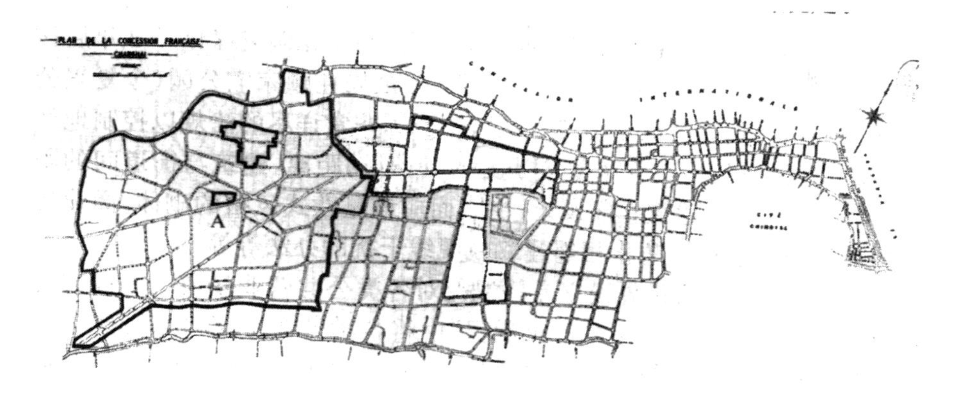

图 1-17 整顿及美化法租界计划

建造洋房。公董局还划定了一个高档住宅区，西以海格路（今华山路）、姚主教路（Route Mgr. Prosper Paris，今天平路）为界，南以福履理路（Route J. Frelupt，今康平路）为界，东以拉都路（Route Tenant de la Tour，今襄阳南路）为界，北沿古拔路（Route Courbet，今富民路）至福煦路（Avenue Foch，今延安中路）为界。规定在这一区域内，只对拥有暖气设备（或壁炉）及卫生设备的连幢房屋及单宅、双宅房屋发放营造执照，住宅区内原有其他房屋，除认为必须保留的以外，概不签发修理执照。这一系列对建筑风貌的严格规定对法租界西区整体街道风貌的呈现起到积极的作用。

除了对于沿街建筑风格的严格控制外，法租界公董局也对于法租界街道及相关市政设施的配套管理进行了严格的控制，主要体现在对于街道保洁、养护及行道树种植等方面。这一系列措施也对法租界街道的风貌起到控制性作用。

1869 年，法租界路政条例规定，每天早晨居民应将房屋及门前的路面用水清洗干净，并将垃圾集中堆放，由清洁工统一装运；夏季街道垃圾清除工作在早晨 8 时以前完成；禁止垃圾倒入河浜，禁止在指定地点之外倾倒垃圾。法租界道路的洒水制度几乎与公共租界同时建立起来。1869 年前，法租界道路的洒水由公董局每月支付 60 两委托工部局工务部门代办。1869 年为节省开支，公董局董事会决定自行解决，雇人做了一辆四轮车，由一名巡捕带领一些苦力沿街洒水。1873 年 9 月，董事会增购 2 匹马，以应付炎热季节因扫街、洒水工作激增时的需要。1877 年，董事会以 1000 法郎向法国邮船公司购买了 1 台新型水泵，供道路洒水用。

公董局在 1869 年的路政条例中对道路养护作出了明确规定。根据这个条例，禁止马车在道路上奔跑，禁止在沟渠旁放牧；禁止居民将玻璃、碎碗片等倒在路上；禁止在窗台或高处放置物品，以防坠落；居民在道路上堆置货物或材料必须在规定的时间内进行；居民在屋前设置堆栈，必须向公董局申请特别许可证；居民未经公董局许可，不得在门前搭建界石、踏步、披檐；严禁损坏公共场所种植的树木和照明设施，严禁用任何方式破坏公用道路、占用路面、挖掘草皮；禁止在道路上或住房旁燃放烟花爆竹及焚烧纸锭。公董局明令指出，违反道路养护管理条例者将按照公董局组织条例惩处并受到法律起诉。

1875 年，公董局董事会拨款 150 两更换行道树。1887 年 9 月，公董局董事会批准拨款 1000 两向法国订购 250 棵梧桐树及 50 棵桉树，种植在堤岸及花园中。1905 年，法租界内有卢家湾、顾家宅、打靶场、孔家宅等苗圃，培育的树种有枫杨树、法国梧桐、槐树等。其中董家渡等苗圃向公董局提供 387 棵法国梧桐和槐树的幼木，种植于新扩充的租界道路上。1902—1913 年，西江路（Rue Si King，今淮海中路）由东向西分段铺设碎石黄沙路，并于两侧种植悬铃木。20 世纪 20 至 30 年代，这一带道路两旁人行道遍植悬铃木。据种植培养处 1920 年报告，当年法租界行道树共 10221 棵，其中法国梧桐 4301 棵。1932 年 7 月，公董局临时委员会会议对行道树种植作出具体规定：在公共通道上挖坑种树时必须离开道路 1.5 米，电杆、喷泉、加油器械等设施必须设在树木 1.5 米以外，屋檐及人行道与道路的距离不得少于 1.2 米，树木之间的距离为 7 ～ 10 米，任何建筑申请图纸必须指明行道树位置。此外，公董局还对行道树移植作出了具体规定。

法租界以领事为核心的“集权”体制，使得一些促进街道风貌一致性上的制度得以实施，其中《公馆马路柱廊条例》的制定及其在公馆马路（今金陵东路）拓宽过程中的实施就是最好的例证。对于公馆马路这条法租界早期的区域主轴街道，公董局对其风貌的一致性和美观性一直以来都有较高的要求。1902 年 3 月 27 日，公董局董事会决议，从法租界外滩至公董局大厦之间的公馆马路上任何新房屋的沿街立面，都要用西式建筑立面及技术建造。1923 年 7 月，由于交通需求的增加，公馆马路面临又一次拓宽的压力。为了协调两侧租地人利益和满足交通的需求，公董局董事会主席委托市政总理处研究解决公馆马路交通问题，最终确定方案，令沿街业主们修建带骑楼的房屋。1924 年 3 月 17 日，《公馆马路柱廊条例》（*Arcades Regulation of Rue du Consulat*）获得正式通过，修改了 1902 年确定的公馆马路 50 英尺（15.24 米）的宽度，改为 74 英尺（22.56 米），柱廊宽 12 英尺（3.66 米），净宽 3 米，柱廊外的街道车行部分为 50 英尺。至 1924 年，大部分路段已按 1902 年计划拓宽至 50 英尺，待拓宽的仅为人行道部分。1928 年 2 月 18 日，法国领事署二十号令规定，《公馆马路柱廊条例》（以下简称《柱廊条例》）在法租界外滩至敏体尼荫路（今西藏路）之间的公馆马路上正式实施，按《柱廊条例》规定，公馆马路改建成西式骑楼式街道，公董局征用人行道的一层部分，要求业主必须在人行道部分建造柱廊，其上部空间仍为私人业主所有（图 1-18）。

《柱廊条例》的制定初衷仍是试图解决在街道建设中出于交通需求扩展公共部分的愿望与街道扩宽部分两侧租地人商业利益之间的矛盾。不同于公共租界的是，法租界以领事为中心的“集权”模式使得其一定程度上具有介入街道两侧地块私有区域中的能力。尽管其最终的结果并未很好地解决这对矛盾，但这种公权力的介入，创造了上海独一无二的完整、统一的街道风貌。公董局严格的审批制度控制了沿街柱廊高度、内部空间尺寸、柱子间距、柱廊顶部过梁高度、街角斜切面，甚至柱廊内的商业店招等。但由于气候、商业等诸方面原因，使得公馆马路的骑楼模式在法租界收到的反响不佳。由于业主们的一致反对，公董局最终放弃在法租界大规模推广该条例的企图，也体现了这种所谓“集权”的力量在上海近代特定历史时期和城市特性面前的有限性。

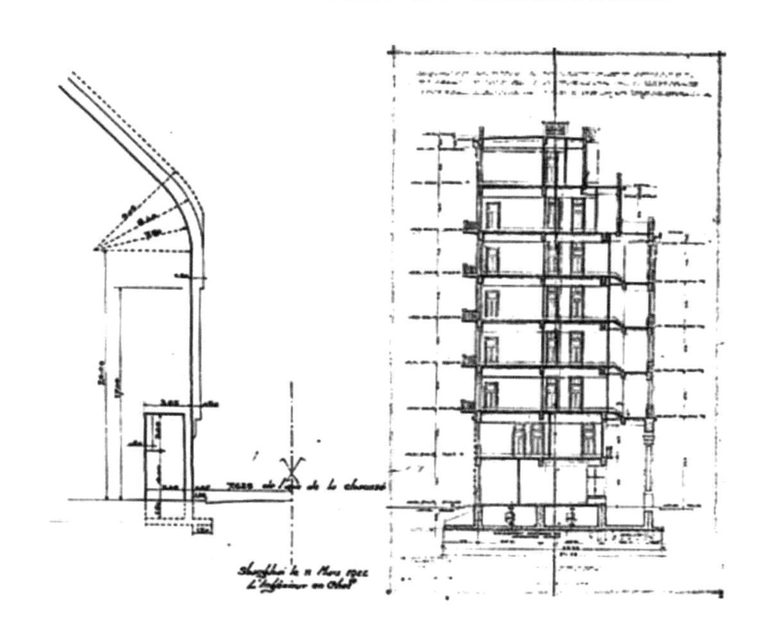

图 1-18　柱廊条例剖面分析图

作为半殖民地城市中的两个组成部分，公共租界与法租界两者之间对于街道建设管理制度上有着很强的共通性，例如对于租地人利益的关注、对于地产开发利益的保证等。但由于其母国政治文化背景不同，其街道建设管理制度间也体现出一定的差异。[1]有学者将其总结为通判性制度和判例性制度间的差异。而这种差异又可以追溯到英国和法国分别代表的英美法系和大陆法系间权力架构的不同理念上。这种差异性贯穿整个租界发展历程，并在不同时期有着不同的表现方式。1860—1861 年，英租界工部局和英美领事均竭力反对法租界的独立体制，他们敦促法国领事爱棠在法租界执行《土地章程》，其目的在于由全体侨民选举产生一个具有真正总督职权的常任总董，并参照海关行政管理所采用的制度，将包括总董在内的全体成员的薪俸由中国政府承担。部分侨民甚至希望将上海建立成为自由港，由自己的官员管理政府，官员通过选举制度产生，以保证中外租地人的监督权，[2]而这些在法租界独立存在的情况下均是无法实现的。1862 年，英美租界合并成为公共租界，同年法租界成立公董局。在 1862 年 5 月 5 日的法租界租地人会议记录中，爱棠提出："公董局设立是出于需要，也是一种义务，因为最近租界内中外居民激增，人口如此拥挤，自是迫切需要各种防备设施；何况与相邻之工部局亦亟须建立行政上之关系，故更觉设立公董局之必要。"[3]尽管对英美租界提出的方案有所回应，但爱棠的态度仍是倾向于独立的："虽然工部局的工作有许多地方值得称赞，但我不愿意违背我们的独立地位，模仿他们而采取这个原则……两个市政机关是建立在不同的基础上的……"

1866 年，英美再次向法租界提出租界合并动议，英驻沪领事温彻斯特（Sir Charles A. Winchester）提出："法租界现行的制度是不恰当的，而合并有很多好处。合并是唯一可以和保持中国领土完整并行不悖的办法。"法租界公董局委员会针对这一论点的答复："我们租界内的现行市政制度比相邻租界的制度更符合尊重中国领土主权的原则，而一旦合并，这种制度就立刻不复存在了。我们租界内，由领事代表法国人向中国当局负责，而

---

1. 孙倩，《上海近代城市公共管理制度与空间建设》，东南大学出版社，2009：100 页。
2.［葡］裘昔司，《晚清上海史》，孙川华译，上海社会科学院出版社，2012 年。
3. 法国领事馆档案，《领事馆办公室文件》登记簿（1859-1866），49-50 页。

且是中国政府把它管理法租界的权利让给了法国领事……而英、美两国租界的市政制度却正相反，领事被撇在一边，不得参与市政，自治思想占了上风；这个团体对中国政府不受任何条约的约束，一味追求独立，这样一种制度对逐步侵犯中国的领土主权就更方便。”这里我们既能看到两国为达各自目的，在侵犯中国利益的同时从各自立场阐释中国立场的狡诈，也能体会到两种制度对华界后来街道建设管理制度设计过程中带来的影响。

思想的差异决定了制度的差异，制度的差异则通过街道风貌物化表现出来。相对于公共租界基于租地人“自治”管理的模式，法租界基于领事负责的“集权”管理模式在街道建设管理上更容易形成对于街道景观的整体控制。在实践中，法租界颁布的《整顿及美化法租界计划》《柱廊条例》及一系列市政道路保洁和养护的条例，比公共租界更具强制执行力，也为法租界形成较为一致的街道景观打下了基础。另一个方面，公董局曾多次设定欧式建筑专用建设区，并规定在一些主要街道两侧建筑上只准采用西式立面，同时严格控制建筑与街道间距等，这些规定对于法租界街道风貌的形成产生了巨大影响。而这种控制恰恰是公共租界“自治”模式下很难达成的，公共租界的居民曾对此有评论：“工部局无意在这个城市制造‘自豪感’，……我们的城市是胡乱蔓延的一堆堆砖、灰泥和混凝土，永远不够宽度的道路和更拥挤的人行道，摩天楼和棚屋纠缠搏斗，昂贵的公寓或大班住宅的左邻右舍却是贫民窟。”[1]

从工部局和公董局的徽章比较可以看出，工部局中各国国旗代表（包括法国国旗）的国家政府被置于一种并列的关系中，与“工部局”中文字样间隔出现在徽章的中心；而在公董局徽章中，代表法国国家象征的高卢雄鸡成为中心，同时上方的上海城墙局部暗示了一种国与国之间的关系，“公董局”字样没有直接出现在徽章中，中文强调的则是“法国租界”的概念，可见作为不同城市建设管理机构，有着完全不同的侧重点（图 1-19）。

（3）华界

随着南市马路工程局的建立，华界在学习西方现代街道修筑技术的同时，也开始了系统化学习西方城市建设管理制度的历程。

1.《我们的丑陋城市》（*Our Ugly City*），载《上海泰晤士报》（*Shanghai Times*），1936-12。

图 1-19　工部局（左）、公董局（右）徽章比较

上海县在公共租界相关条例的基础上颁布了《上海县建设局整理街道河渠暂行章程》[1]，对县辖之下各乡镇街道分六个等级给出宽度规定，还规定了街道拓宽征地的基本事项。其中，第七条："凡原有街道不及本局所规定宽度者，除由本局照既定计划责令拓宽外，余于建筑房屋时，须一律照规定宽度退让。"第十一条："街道拓宽之时，应先令业主呈验基地，凭照查明四至尺寸，考据县志推定旧路应有宽度，根据规定宽度计算其退让面积，由本局按照收用土地法给价收买之。"华界南市一系列土地征收及街道建设均在这个框架下进行，1909 年地方自治实施后，先后成立的南市城自治公所、市政厅和工巡捐局也制定了相关的法规。

不过在具体条文和实际操作过程中，由于受到华界的环境及传统文化的影响，两者之间仍有很大的差异。"吾中国二千年来，习处于专制政体之下，不复知个人与地方之有无关系。"这是开始尝试"自治"管理的上海华界士绅组织的"地方自治研究会"对于地方自治面临环境的基本认识。在自治过程中，挑战着这种传统，同时也不可避免地受到这种传统的影响[2]。比如，在 1920 年大东门街道拓宽，华界"自治"管理机构仅通过一纸告示"经董决议照退建浜基成案办理，所有油车街坐南朝北房屋应一律退建浜基，沿浜南首之房屋如有侵入浜基之水阁并踏步竹笆一律拆除。各业户可至局查退让地位图"即以实施，执行能力之强在租界难以想象。

又或者在对于补偿地价的确定上，与公共租界的完全自由经济不同，华界土地权让中，工巡捐局在定价上有很强的主动权。南市的道路计划利用私有权力的弱势地位，减少征地谈判环节，

1.《上海建设》，上海世界书局，民国二十年六月。

2.《旧上海史料汇编（下册）》，北京图书馆出版社，1998：155 页。

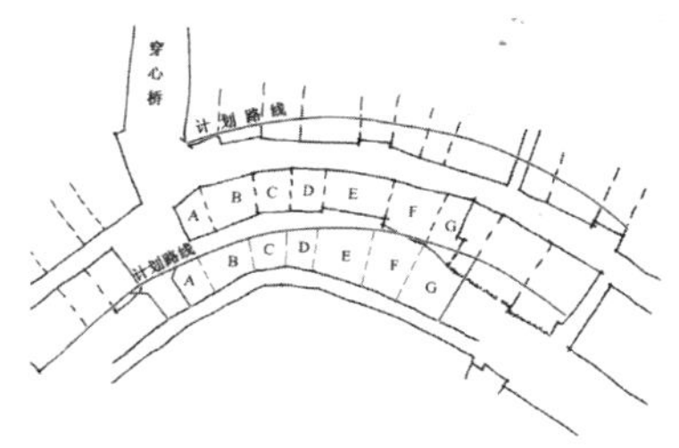

图 1-20　方浜路拓宽征地示意图

使得老城厢在三年内迅速建成了几条重要道路。比如在方浜路的建设过程中，工巡捐局规定“路线开辟二丈三尺，其让出之地即以后面浜基除留出五丈余宽公弄外尽数相抵，多者找价少者给价。该地每亩定价五千元”[1]。对于地产上的建筑赔偿费为统一的“每间门面洋三十”，后根据业主申述，将其中房屋较新的“加至每间门面洋四十”。工巡捐局设计了各户退建线路的方案，对征地价格和退建时间作出了统一的安排，采取“依户退建，互相抵补”，尽量保持退建后业主基地面积的一致，但部分业主认为工巡捐局不应“以甲之地偿乙，乙之地偿丙……”而应采取类似公共租界的“收买分抵各户”。工巡捐局则以“放宽街道退建房屋非个人造屋而受让基地者可比，自不得不统筹全路，平均收让，以昭公允”为由继续推进。这种“都市土地重划”的方式在传统土地转让模式及 1949 年后的土地使用模式中都能依稀寻得踪影，同时也确保了在没有大量现金的情况下推进街道建设（图 1-20）。这种状况随着城市建设的发展，业主对于自身利益保护意识的增强而逐渐变弱。

后期，1927 年“上海特别市”的建立，一个统一南市、闸北和上海县各乡的、组织完备且具有完整架构的市政府取代了原有的自治机构，使得全面展开城市街道建设成为可能。1929—1930 年间制定的“上海市市中心区域计划”和“大上海计划”是在华界最早的以全市（不含租界）为考量的规划。1930 年，《上海市分区及交通计划》及《上海交通计划图说明书》的编制，从水运、铁路运输和城市干道系统三个方面对于城市交通作出计划，对于此后街道建设产生了深远的影响。1946 年，抗战胜利后，《大上海都市计划》的二稿、三稿中吸收了当时西方国家较为成熟的城市规划理念，如“有机疏散”“卫星城镇”等，对于上海城市发展起到巨大的推动作用。而从另一个角度来看，这一阶段的城市建设管理制度的变化基于对于前期“自治”尝试否定基础上。在民族危机前，华界对于象征民族复兴的现代城市中心的塑造成为主导街道建设的核心，也成为侵入私有利益的最佳理由。从“大上海都市计划”实现的带有强烈巴洛克城市设计手法的道路网系统到带有强烈民族情绪的路名系统，都成为这种倾向的体现。

---

1. 上海档案馆：卷宗 Q205-1-15 号。

第二章

上海典型历史街道风貌及空间肌理

在“三界四方”的特有建设及管理过程中，上海在不同的地区形成了不同时期、不同地域、不同风格的城市风貌，因而构成了城市丰富多彩的景观风貌。本章针对上海典型历史街道风貌以及空间肌理的研究，在“三界四方”中选取了具有代表性的区域，以了解不同地区的风貌概况，包括典型的空间肌理，以及历史街道特征。

一是外滩地区。作为公共租界的重要区域，外滩是近代上海“黄金时期”作为远东最大、最重要的经济中心城市的经济引擎，也是影响当时东亚地区经济运行的“中枢”。从历史来看，外滩历经了三次重要的城市化过程，在城市空间和肌理、街坊组成方式、街道空间和建筑风格方面逐步演变为与欧洲重要城市的中心区十分类似的风貌特征。

二是法租界西区。这一区域在城市中扮演了另一个角色，上海作为近代远东最西方化的城市，新的城市生活方式最集中体现在这个区域。而且作为综合功能社区，西方化的城市生活方式和文化氛围是这个区域的基本特征，在区域研究的基础上还选取了淮海中路－宝庆路－衡山路这一重要的发展轴线作为历史街道的代表。

三是老城厢。作为上海旧县城所在，是中心城区最初的发展之源，也是华界重要区域的代表，老城厢体现了上海建城 700 年来本土生活的演变轨迹。

第四个选取的是山阴路区域。以“三界四方”的划分方式，应选取当时华界北市部分作为代表更为恰当，但是原北市区域现状风貌保存比较完整的几乎不存，山阴路虽不属于公共租界范围，但由于其越界筑路发展起来的特征，也并无法代表华界北市。但作为“三界四方”之外的发展区域，该区域包含了各种住宅建筑类型和城市肌理特点，使其成为具有鲜明特色的另外一类典型区域，因此选取了祥德路－山阴路－溧阳路作为重要历史街道的代表。

第一节　外滩地区风貌研究

1. 概述

外滩地区从上海开埠至今超过一个半世纪的历史中，始终是上海最重要的标志性区域之一。作为近代上海最早的租界范围，从开辟至今，其建筑与城市空间已经历了三次重大的城市化演变：19 世纪中下叶为第一阶段，建造居住办公等多种功能兼容的 2 层楼建筑，采用院落式布局；19 世纪末 20 世纪初为第二阶段，基本达到欧洲中世纪城市的格局，约有近半进行重建，层次在 4 ～ 7 层居多，不再采用院落布局，建筑直接压着地块边界建造，各个建筑共同形成完整街坊；20 世纪二三十年代为第三阶段，建筑体量大，8 层以上高层几乎占一半，但建筑与街坊街道的构成方式未改变（图 2-1）。

如今的外滩地区正经历着第四次城市化演变，需要通过一部分改建和新建项目的更新，达到提升外滩城市空间品质和延续历史风貌的目标。那么，如何在有机更新的背景下，针对已经确定的建设总量，通过精细化规划和管理，达到保护整体风貌，并引导街区提升的目的，是现阶段应当面对的课题。

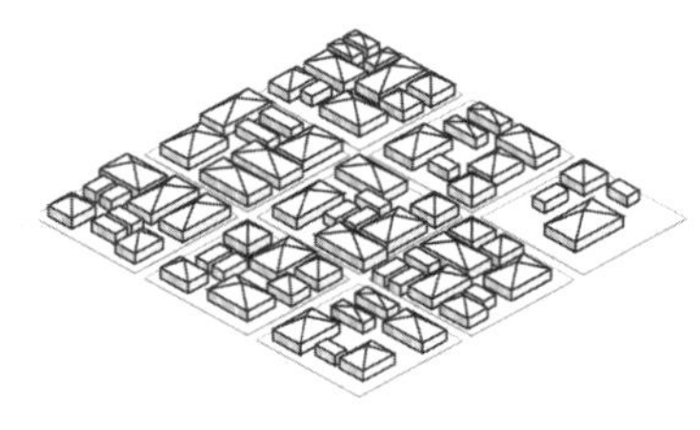

第一阶段（19 世纪中下叶）
建造居住、办公等多种功能兼容的 2 层楼建筑，采用院落式布局。

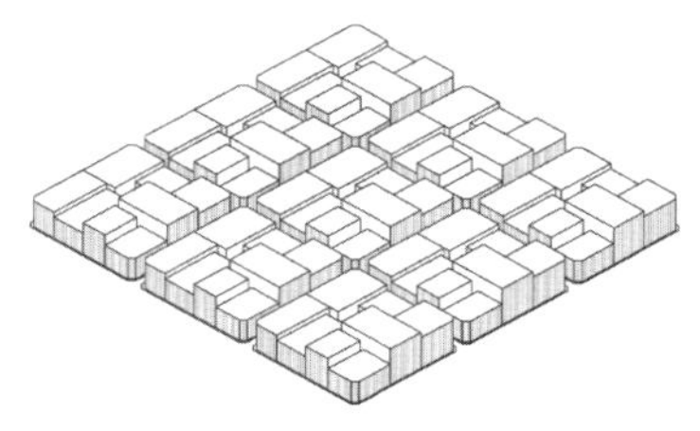

第二阶段 （19 世纪末 20 世纪初）
基本达到欧洲中世纪城市格局，约有近半进行重建，层次在 4 ～ 7 层，不再采用院落式布局，而是建筑直接压在地块边界建造。

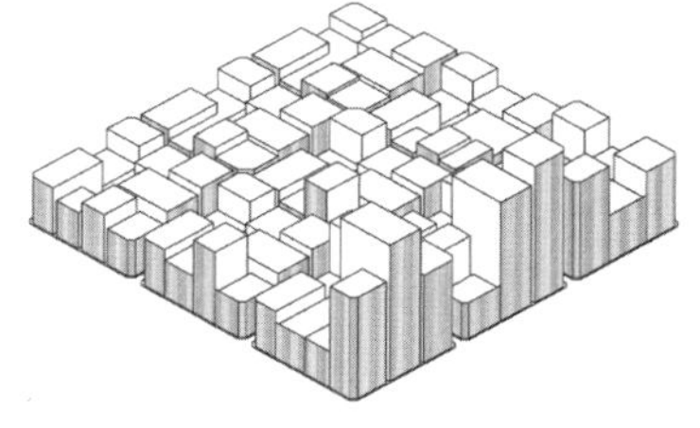

第三阶段 （20 世纪二三十年代）
建筑体量大，8 层以上高层占据一半，但建筑与街坊街道构成方式未改变。

图 2-1　外滩地区三次城市化：建筑与城市空间演变示意图

2. 历史沿革

外滩地区城市空间与建筑的整体特征是随着外滩地区产生和发展过程演变形成，演变趋势和过程极其明晰，当代外滩地区的新发展应该是这条历史脉络的延续发展而不是改变方向。

外滩，这一名称最初的含义是“城外的滩地”，因它地势较上海老城内低，每年夏秋黄浦江汛期，潮来时常常被淹，故名“滩地”。上海开埠以前，这一带大部分是已经开垦的水田，其间有不少小河沟，到了夏天，沿江长满芦苇。1843 年 11 月 17 日，根据中英《南京条约》规定，上海正式开辟为通商口岸。依照广州海关先例，上海道台宫慕久在此设立西洋商船盘验所，征收进口货税银，这是已知外滩最早的建筑物。与此同时，英国首任驻上海领事巴富尔同上海道台交涉划定外人居留地界址问题，他首先看中的就是外滩这片土地。1845 年 11 月 29 日，根据上海道台和英国人拟定的《上海土地章程》，外滩被正式划入英国租界。截至是年底，上海有外国人 50 名，11 家英、美洋行，形成一个小小的外侨社会。这些人大多从印度孟买和加尔各答两地过来，根据习惯，他们也将外滩称作“Bund”。“Bund”一词并非英语本身固有的语汇，它来源于印度语，意为“堤岸”或“江堤”。在孟买和加尔各答港都有长长的 Bund，沿岸开设着许多欧洲人的商号，这些初来上海的商人们希望，这片新获得的 Bund 能够成为与清朝这个庞大帝国进行贸易的据点。从这里开始，近代上海的发展历程——这座城市的西方化过程和近代城市建设拉开了序幕。

实际上，选择这块地作为居留地（英租界）是上海开埠一年前经过考察已经确定的，开埠时由英国首领事巴富尔谨慎地确定了四界并通过《上海土地章程》的法律形式确定下来。这块当时在城内中国官民眼中的“一片泥滩，三数茅屋”之地，英国人却看出了它的重要性。它邻近商业发达的县城，又无城墙的限制，且有广阔的发展余地。通过吴淞江，可以与江南地区富裕的广大腹地相通，又可出吴淞口溯长江而上，深入中国内地。无论从政治军事上讲，还是从经济贸易上讲，它既是深入中国内地之前的立足点，又是足以扼制上海县城的咽喉，控制它则控制了整个上海。从这一点看，很容易理解上海城市重心在 19 世纪末，开埠约半个世纪就从上海县城转到英租界。

外滩及外滩地区三次比较集中的城市化过程是这样的：第一

个时期是建成第一批沿江建筑和外滩沿江大道的首次建设。租界划定后，第一批外国人自己建造的房屋于一年以后陆续建成。这些建筑大多沿黄浦江西岸而建，建筑与江岸之间留出 30 多米的空地，以便起卸船上货物，并容民船纤夫通行。这里地势低洼，常被潮水淹没，甚至淹至屋内。外滩的第一个公共工程，是对原有外滩滩涂进行改造。填平浦滩，垫高纤道，沿岸采用大木植桩，贯穿铁条，以避江水。[1] 在江边被填平的滩面上种植树木，而靠近房屋的一边则用煤屑、炉渣和卵石铺筑了一条 18 米宽的临江大道，[2] 这便是最早的外滩大道。一幅大约作于 1949 年的佚名画家的油画展示了最初外滩的景观，是目前已知最早的外滩全景的记录。由于开埠之初建造的建筑物有很大的临时性特点，加上当地工匠不熟悉这种与传统中国建筑相异的砖石建筑的建造技术，第一批建成的建筑大多样式简陋，是所谓“外廊式”（也被称为殖民地式）建筑样式，是殖民者沿用了在印度和东南亚一带殖民地城市内的比较简单，也不需要建筑师设计的形式。第一时期的建设大约到 19 世纪六七十年代，期间不少建筑因为质量原因进行翻造，但建筑样式基本停留在“外廊式”水平。

第二时期是从 19 世纪六七十年代开始，但比较集中的建筑改造主要集中在 19 世纪末期至 20 世纪初的 20 年间。这个时期外滩建设的主要特点有三：一是建筑规模变大，建筑功能比较明确地集中在商业、金融和办公类建筑，建筑质量和等级大大提高；二是建筑风格完全摆脱了开埠早期的殖民地建筑样式，而转向地道的西方建筑样式，建筑材料和建造水平已经达到满足建设西式建筑的水平，因此这个时期建造的建筑是地道的西式建筑，尤其体现出英国安妮女王时期的建筑特点；三是外滩地区的城市空间由一片滩地上分布的许多大院子，其中矗立一座四面临空的建筑物的“乡村模式”，改变为建筑物沿街道一次排列布置，建筑的沿街立面成为主立面，城市性的“街道模式”。出现这种改变的主要原因是外国人把上海租界当作本土建设的内在思想，上海城市发展及在东亚地区地位的重要性日益显著，外滩地区的地价和功能升级促使它向一种欧洲历史城市中心区模式发展。

---

1. 郑祖安，《近代上海都市的形成——一八四三年至一九一四年上海城市发展述略》，选自谯枢铭，杨其民，王鹏程，等《上海史研究》，学林出版社，1984：184 页。
2. 丁季华，《上海外滩旅游资源问题研究》，上海古籍出版社，1992：184 页。

第三期是指外滩的最后一次大规模翻建改造。始于第一次世界大战之后，从 1920 年至 1929 年的短短 10 年间，外滩有 11 座建筑拆除重建，占外滩全部建筑的近半数。这一次历史上最大规模的改建和重建活动，留下了一大批标志性建筑物，在上海近代建筑史上起着极为重要的作用。30 年代，又有少量建筑翻建。至此，外滩的面貌在二三十年代已基本形成。在这一次大规模改建活动中，有几个现象值得注意：第一，在二三十年代建造的外滩新一代建筑中，洋行、银行等金融、贸易、办公类建筑占一大半；第二，重要建筑物的设计已垄断在少数建筑师手中。公和洋行自从 1912 年设计天祥洋行大楼（今外滩 3 号）后，它在上海建筑设计领域的重要地位便确立下来，在外滩二三十年代建造的全部建筑中，公和洋行的作品占一半以上。外滩此时建造的全部建筑都采用了钢筋混凝土框架或钢框架这样的先进结构，建筑风格以新古典主义为主，代表了上海建筑达到纯正的西方正统建筑样式（欧洲此时正在进行建筑风格革命性变化，转向现代主义）。

浏览外滩历史，必须强调一点，外滩及外滩地区是近代上海“黄金时期”的经济引擎，这一点决定了这个区域对上海乃至对东亚地区的重要性，也很大程度上解释了由西方人为主体建设成的这个区域为什么与欧洲重要城市的中心区在城市空间和建筑特点上如此相像。

3. 风貌特征

（1）区域完整性

外滩地区历史上就有明确的四界——即早期英租界范围，与上海其他地区相比，独立性与完整性更明显。四界可归纳为“三河一界”，“三河”指黄浦江、吴淞江和洋泾浜；“一界”指开埠初期议定为英租界西界的界路（今河南中路）。河南路以东的外滩地区是西方特征强烈，开发模式为欧洲传统中心城区模式；河南路以西部分属于华洋混杂，以华人为主区域（图 2-2，图 2-3）。

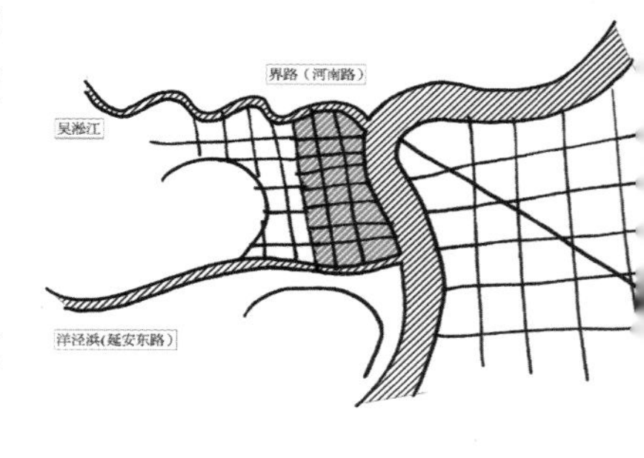

图 2-2　外滩地区“三河一界”示意图

（2）城市肌理特征

外滩地区由 9 条垂直于黄浦江与 4 条平行于黄浦江的道路互相交错构成了“四纵九横”的井格状街坊格局，道路网格规整。被道路所夹的地块多为大小均匀且尺度偏小的方形，其边长最长

1880 年代

1900 年代

1930 年代

上排：河南路以东，在各个历史时期都有强烈的西方城市空间氛围
下排：河南路以西，华洋混杂特点明显

图 2-3　河南路东西两侧建筑与城市空间氛围的比较

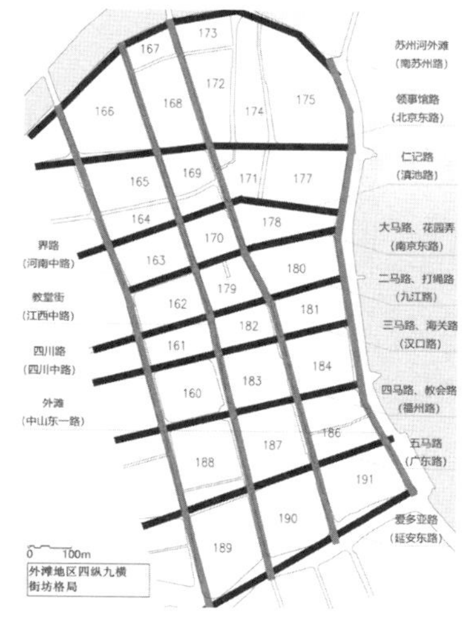

图 2-4 “四纵九横”道路格局

不过 200 米，为步行时代以及早期车行时代的产物，大多数街坊形状规整，在 90 米 ×90 米至 140 米 ×170 米区间范围内（图 2-4）。

由于历史原因，一个规整街坊往往被分割成 6 ～ 9 个不规则的地块，现状的地块划分基本保持着 20 世纪二三十年代的格局。街坊构成重外轻内，所有沿街建筑立面整齐划一，地块内部为后勤设施。外滩地区的街坊内部组合方式有一个共同特点是：建筑主立面沿街对齐，基本没有后退广场的情况，街坊重视沿街的界面，街坊内部无公共空间，皆为辅助功能用房和不规则用地（图 2-5）。详细划分可以归为两类，A 类面阔较小，进深大的建筑沿街坊边界依次排开，沿街界面面基本对齐，街坊内部为不规则的空地，有小体量的辅助用房；B 类沿街为平面成条状建筑占据，地块内部设置较规整的里弄（图 2-6）。

街坊中的建筑容积率高，密度大，建筑间的间距小（图 2-7 ）。容积率方面，例如中国银行大楼为 5.3，沙逊大楼为 9.1；建筑密度方面，从一个街坊看，有些地块建筑覆盖率高达 90% 以上；建筑间距方面，大部分在 0 ～ 5 米之内，小部分在 6 ～ 7 米，极个别达 10 米。

这样的街坊构成模式构成了街道的特点，街道界面为连续街墙，沿街建筑高度差异不大（图 2-8 ）。街道两边的界面整齐，垂直连续且高大厚实。临街房屋排列紧密，向着街道的立面基本对齐。除了个别标志性的建筑在高度上有所突破，其余的建筑都具有相对统一的体量，沿街界面高度在 20 ～ 35 米之间。换言之，外滩的街道界面不但连续而且是有高度保障的。这也是欧洲高度城市化的、有悠久历史的城市中心区内街坊地块几乎共有的构成模式，这一点，成为外滩地区最根本的风貌特点（图 2-9 ）。从街道断面看，一个突出特点是街道高宽比大，大多为 1.5 : 1 ～ 2.5 : 1，道路两边多层建筑 20 ～ 40 米高，虽然不是特别高，但由于街道宽度有限（10 ～ 18 米），街道高宽比特征十分强烈（图 2-10 ）。[1]

从街道平面来看，十字交叉口非常有特色，空间在这里局部放大，成为街道上的若干个小高潮。而这种空间效果是通过对转角处建筑形体的特殊处理来体现的。主要方法有直切角、凹弧角和凸弧角三种切角处理，以及在顶部竖立标志性小塔楼的方式（图 2-11 ）。

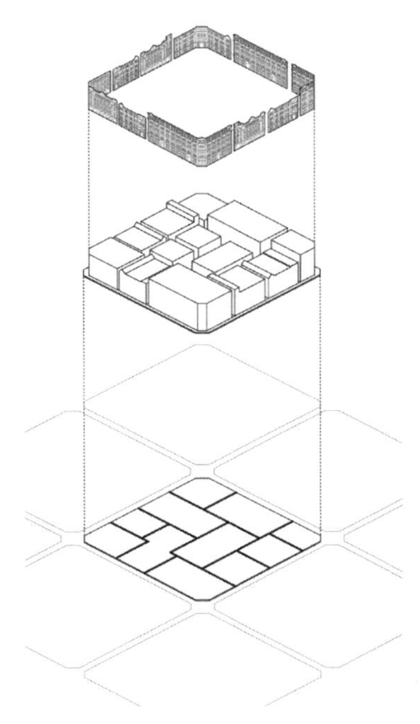

图 2-5 街坊组成模式

（3）建筑特征

外滩地区的建筑形体规整，稳定，多数为长方体及其变体，比如一些建筑为“L”形平面。建筑单体本身没有巨大的高差，部分建筑顶部有装饰性的塔楼（图 2-12）。

图 2-6 街坊组合方式示意图

1. 自上而下，自左到右依次为：江西中路（近福州路口），汉口路（近外滩路口），福州路（近河南中路口），滇池路（近四川北路口），四川北路（近广东路口），九江路（近外滩路口），江西中路（近北京路口），广东路（近外滩路口），广东路（近江西中路口），江西中路（近汉中路口），福州路（近四川北路口）。

图 2-7　建筑间距狭窄

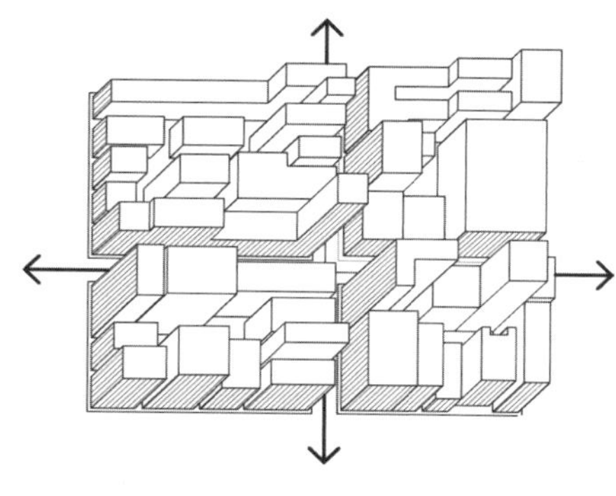

图 2-8　街道、街坊与建筑（地块）的构成关系示意

图 2-10　外滩地区 11 条街道的高宽比

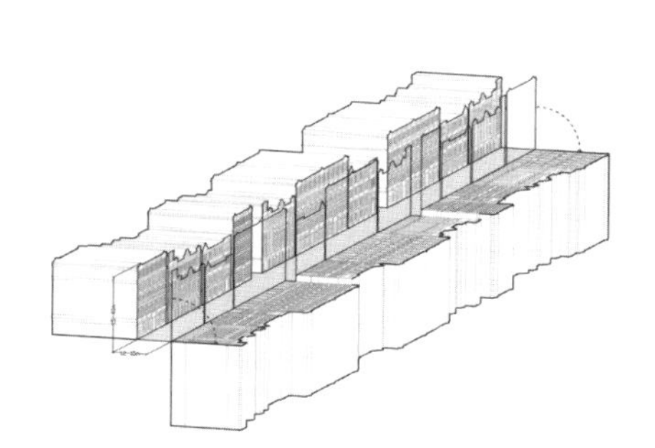

图 2-9　街墙界面连续性示意图

图 2-11　街角空间与建筑转角处理

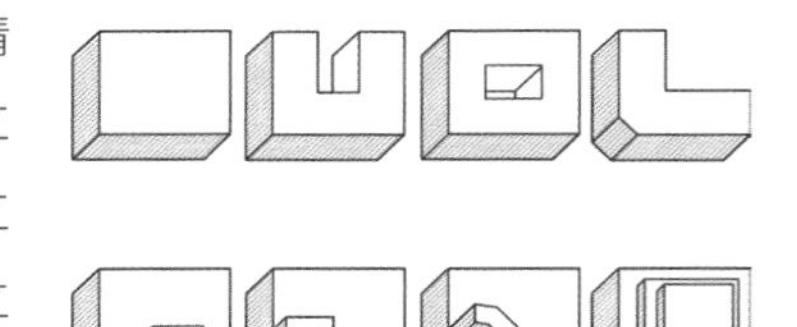

图 2-12　建筑体量构成模式示意图

建筑风格多为西方古典主义特征，折衷倾向明显，外观精致，细部优美。从立面上来看，体现出统一的共同特点：①立面以水平和竖直方向构图关系为主，控制立面稳定规整；②立面虚实关系，即门窗洞与墙面的面积对比，以实体为主；③立面材质以石材为主的特征明显（包括水刷石、斩假石等人造石材面），砖墙也很常见（包括清水砖和面砖），多用深色面砖（图 2-13，图 2-14）。

从建筑风格来看，主要包括四类，基本上与三个城市化发展阶段相对应。第一类，是最早一批建筑是殖民地式，也就是外廊式建筑，各种建筑类型都采用一种外观样式，不是纯正的欧洲建筑样式，目前这类建筑在外滩地区还有少量遗存，除了原英国领事馆外，还有几栋零散其间，但未引起足够重视，这些建筑存在年代都大大超过 100 年，个别建筑应有 150 年历史，是上海能够发现的最早的西式建筑；第二类建筑是 19 世纪 80 年代至 20 世纪初建造的地道的欧洲样式建筑，以当时通和洋行设计的作品为代表，这类建筑的室内外、从形式构图到细节作法都达到了完全的欧洲样式，并且注重立面设计的手法变化，有丰富的装饰，大量使用砖为外观材料，显示出受英国安妮女王时代的风格影响；

图 2-13 建筑立面构图关系线

第三类是纯正的欧洲新古典主义样式，以公和洋行设计的外滩建筑为代表，花岗石为主要材料，强调建筑外观整体构图的严整性，建筑类型集中在银行和保险公司大楼类；第四类是 20 世纪以来建造的兼具各种风格特点的建筑，具有折衷主义倾向，数量较多，外观往往拼贴各种西方建筑样式，但设计考究，构图和细节都很精美。

图 2-14 建筑立面以“实”为主的虚实关系

4. 问题与解决思路

（1）区域整体性问题

外滩地区的历史建筑占地面积约为 75%，它们也是该地区历史氛围营造的主要组成部分，在风貌区保护规划[1]中对于历史建筑所划分的保护建筑、保留建筑和一般建筑[2]三个等级中，目前

1. 上海于 2003 年确定了中心城 12 片历史文化风貌区，外滩历史文化风貌区、衡山路—复兴路历史文化风貌区、山阴路历史文化风貌区、老城厢历史文化风貌区皆为其中一处，本章节中风貌区保护规划指的是 2005 年 11 月批准的针对每个历史文化风貌区的《上海市历史文化风貌区保护规划》，此部分关于上海历史遗产保护体系的内容，详见第三章。
2. 详见第三章。

对保护建筑和保留建筑保护力度较强，而占据风貌区历史建筑半数以上的一般历史建筑状况不容乐观。而且从现状已经清空待建地块和保护规划中明确有开发强度的地块来看，相当数量的一般历史建筑面临拆除重建，将导致该区域历史建筑数量进一步减少，历史氛围进一步减弱（图 2-15 ），这将对于区域的历史整体性产生极大的破坏。

解决的方式主要是要加强对一般历史建筑的重视。以伦敦为例，其历史建筑（登录建筑）分为三级：I、II、III，其中 I 级为最重要的，多数为 II 级，但是对这三个级别的控制体系几乎一样，分级只是表明建筑的重要性不同，因此对部分一般历史建筑应该予以同保护、保留建筑同等的重视程度，以保障外滩地区历史建筑在总量中占多数，从而确保区域历史空间和氛围的延续。

（2）区域边界问题

外滩区域三河一界的区域界面中，黄浦江滨江沿线一直备受关注，苏州河沿岸的整体景观规划也逐步展开，然而作为城市主干道的另外两条边界（河南中路和延安东路）沿线面临比较严重的问题。尤其是河南中路，在城市道路拓宽过程中，道路两边的

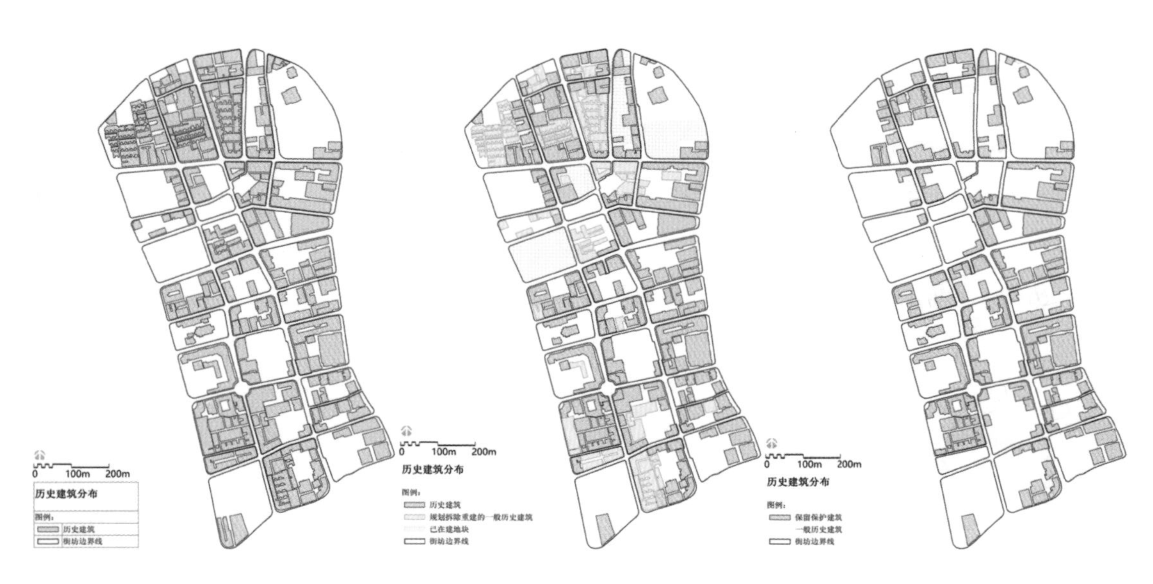

（a）历史建筑占建筑总量的 75%。

（b）保护规划中规定的开发地块，开发增量集中在一般历史建筑所在地块上，这类建筑将面临拆除。

（c）未来开发后的历史建筑留存情况分析：历史建筑的量减少较大，仅少量在核心保护范围内的一般历史建筑保留下来，其他一般历史建筑将消失。

图 2-15　历史建筑总量分析

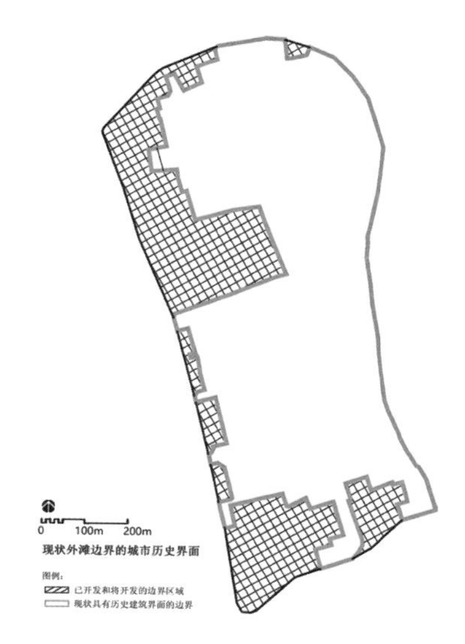

图 2-16 三河一界历史界面留存情况

历史建筑拆除量很大，且集中了很多开发建设量。所以原本有明确四界的外滩区域，犹如被砍掉了一部分（图 2-16）。作为外滩区域的边界，这个新的界面如何与区域的整体风貌相协调，保持区域的历史边界而不是模糊其风貌意向，也是外滩地区第四次城市化需要面对的一个主要问题。

解决思路认为要确保河南路东侧沿街界面体现出历史街区特点，可以重建历史建筑立面的方式（原本的建筑立面，或者采用已拆周边建筑的立面移建），也可以新的形式新建，但需要在材料与立面构图方式上借鉴历史建筑，使之符合区域整体的风貌特征（图 2-17）。

（3）街道界面问题

外滩地区的街道空间特点是街墙面连续，高宽比大，且街墙的高度反差不大，构成了具有特色的街道空间感受。首先，目前多层和高层退后红线建造距离的控制规定与有一定高度的街墙面连续性是互相矛盾的。比如新黄浦集团公司的地块，规划道路红线退相邻保护建筑的外界面 7.5 米，同时，新建的新黄浦集团又后退规划道路红线 3.5 米，在入口处形成一个小广场，打破了街区界面的连续性（图 2-18）。造成同样问题的还包括绿化与公共空间的设定，对于历史上临街没有开放空间和公共绿化的外滩地区，沿街绿化广场的布置，也将打破街道界面连续的特点（图 2-19）。

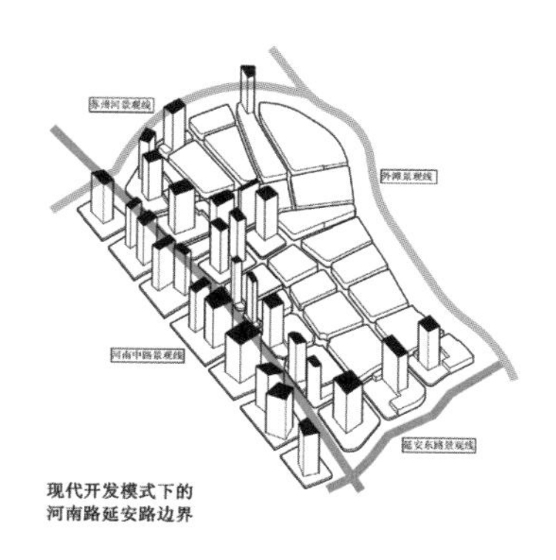

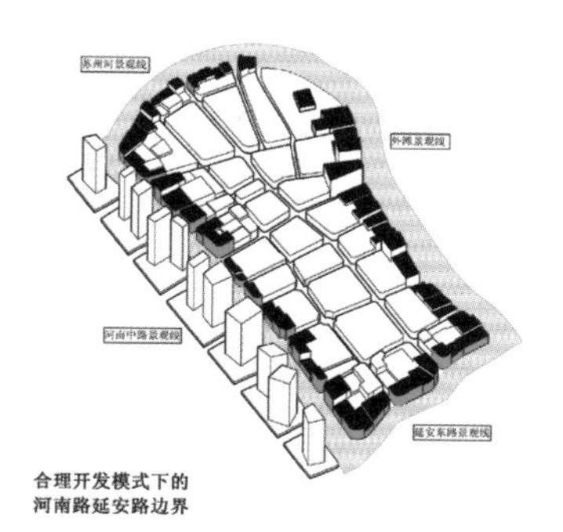

图 2-17 沿河南中路两侧建设模式分析

解决的思路主要是以保持界面的连续为原则，调整部分建筑与红线之间的关系；禁止临街建筑形成开放的小场地；禁止绿化及公共空间沿街布置；以及新建建筑标准平面沿街边界需与地块边线重合等。

目前对于低层、多层、高层建筑后退红线的距离的控制，基本上锁定了裙房临街、塔楼在后的建造模式，从建筑体量上来说，这是外滩地区历史上并不存在的体量构成模式，详细情况将在后续建筑体量部分讨论。从街道空间和界面来说，这一规定的结果基本上改变了街道高宽比的构成，规定要求街道的高宽比控制在 1 左右，不得超过 2，而外滩原街巷高宽比大部分在 1.5 : 1 ～ 2.5 : 1，新建部分将形成完全不同于历史空间特征的尺度（图 2-20）。

解决的思路以保持高宽比为原则，必要时可取消高层及多层后退道路红线距离的规定，延续该地区高层多层沿地块边界建造的风貌特色。

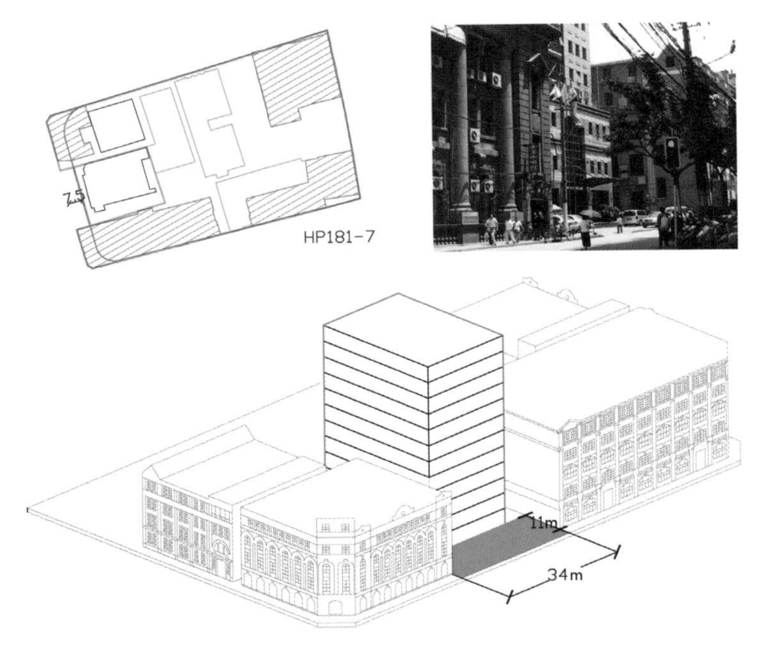

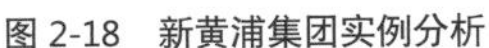
图 2-18　新黄浦集团实例分析

图 2-19　保护规划中的绿化与公共空间

除街道界面的连续性和空间的高宽比问题外，对于构成街道界面的建筑立面，目前面对的主要是历史建筑整治的细节协调问题以及新建建筑的风貌引导问题，针对历史建筑的问题主要是控制立面附加物应与历史建筑和谐，不能干扰或遮挡立面细节；针对新建建筑的问题是提出立面控制和引导。比如，建筑立面必须有稳定的构图形式与比例，以横向或竖向分割线为主；建筑立面不得使用玻璃幕墙，虚实面积对比关系上，以实体为主；立面材料以自然石材或仿石材面为主，不得大面积使用反光、抛光材料；新建筑应在建筑设计中对标志牌、广告牌、空调外机和室外照明灯具等未来可能出现的附加物进行一体化设计。

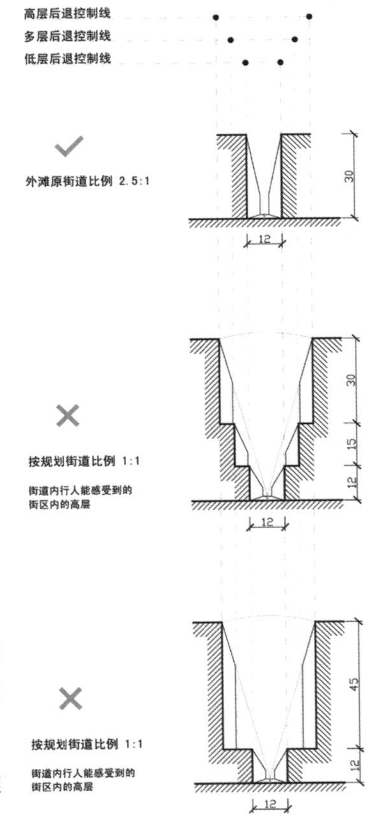

图 2-20　街道空间比较

（4）建筑体量问题

之前所说的塔楼加裙房的组合模式与外滩地区历史建筑常见的组合模式的冲突，将是造成风貌变化的一大原因，比较 20 世纪中上叶建造的中国银行与沙逊大楼和近年来新建的外滩中心能很好地阐释这个问题（图 2-21 ）。外滩地区历史上建筑容积率很高——中国银行大楼容积率 5.3，沙逊大楼容积率 9.1，但因为密度都很大（90%），所以建筑并不见高（不到 80 米）；外滩中心尽管容积率只有 8.1，低于沙逊大楼，却是由 50 层超高层的主楼加两幢 23 层辅楼和群房组成，形体奇特，高差巨大，周边围绕大片绿地，是典型的现代商务办公楼模式。要杜绝这种模式的蔓延，必须对体量构成模式进行控制。

解决思路：需要增加体量构成模式的控制性规定，来达到在开发总量不变的前提条件下，对于区域历史空间的保持或延续。保护规划中容积率平均为 4 的规定是可以保证较为合理的开发强度的，那么在总量不变的前提下，改变现有现代商务的体量模式其实应该控制建筑密度的下限而不是上限，确保建筑密度较高的历史构成模式的实现；在建筑密度提高，容积率不变的条件下，建筑高度将会是一个相对明确的值域范围（大多可以控制在 10 层以下），因此对于建筑高度的控制也会降低其上限，从而实现通过控制指标引导建筑体量构成的目的，而对于更优化的建筑多样性的考虑，则需要街坊地块的进一步划分或者引导导则的进一步细化（图 2-22）。

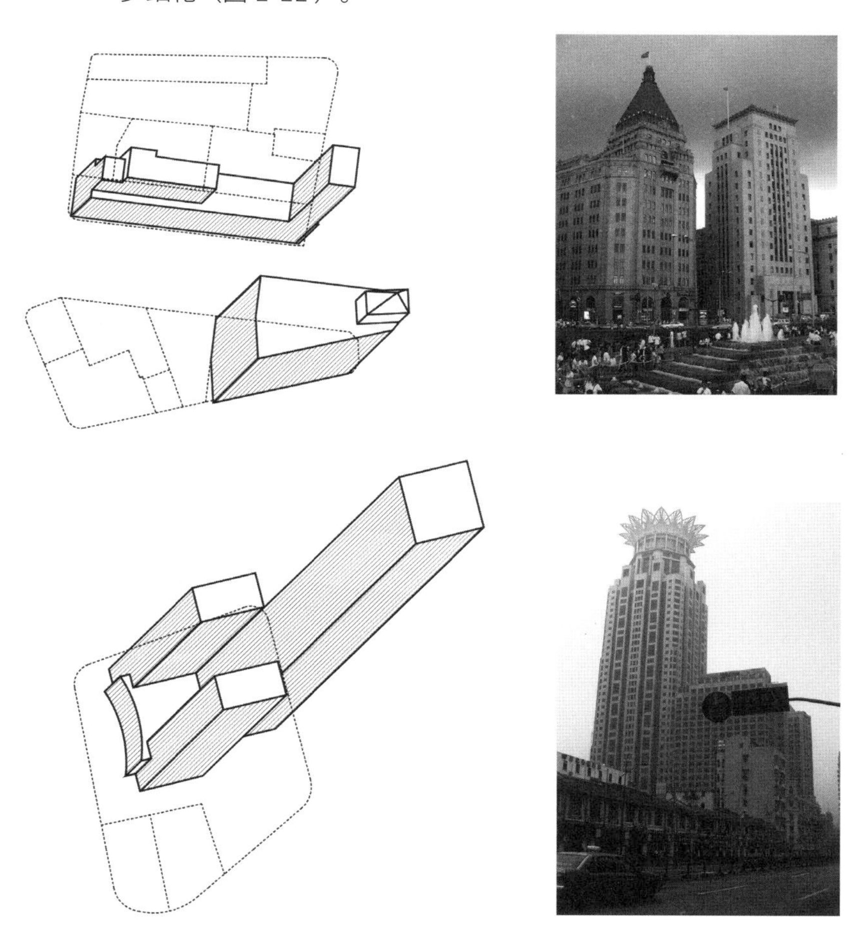

图 2-21　外滩中心、中国银行大楼与沙逊大楼体量构成模式和建筑指标的比较

（5）街区多样性问题

历史上外滩的一个街区通常被划分成 6 ～ 8 个地块，建筑类型各不相同，这形成了外滩地区建筑的多样性。但目前由于资源少，地块通常合并出让，采用整地块批租方式，每个街坊或一个街坊的大部分建设成为一个商业综合体（图 2-23 ），这就会导致商业综合体的增加和多样性缺失（图 2-24 ）。解决思路是以地块而非街坊作为土地出让的基本单位；如以街坊为单位出让，必须在项目设计中以导则方式确定这个街坊未来的建筑多样性。

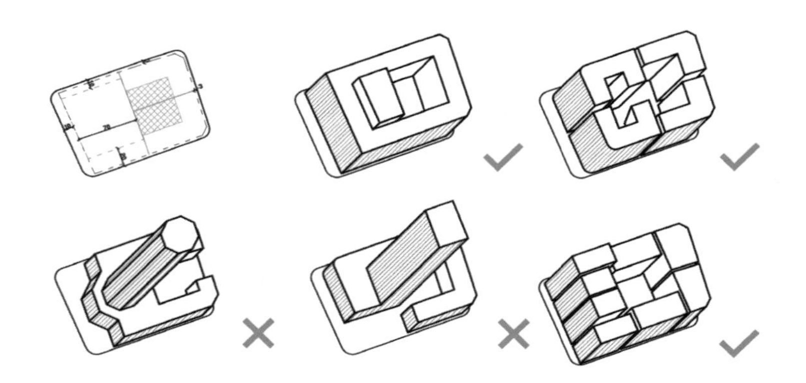

图 2-22 按规划形成的各种建筑模式分析

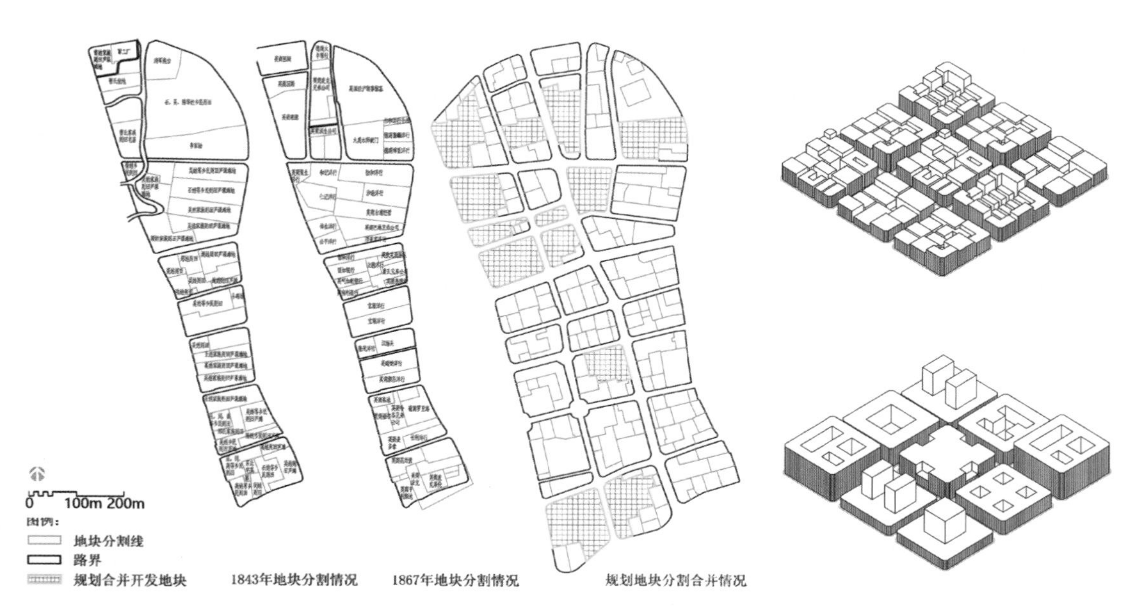

图 2-23 历史上的地块分割情况及未来将合并的大地块

图 2-24 建筑综合体增加导致地区多样性减弱的示意图

第二节　法租界西区及淮海中路—宝庆路—衡山路风貌研究

1. 概述

1914 年法租界的第三次扩张，其扩张范围在当时被称为法国新租界，近代史研究中通常称其为法租界西区。当时的西区只有几条道路建成，面貌仍以乡村风光为主。从上海整个租界范围看，法租界西区是上海租界最后一次扩张，扩张面积巨大，形成租界进一步发展的巨大空间。由于法租界当局对这一地区高标准的建设定位和严格管理，在 20 世纪二三十年代近代上海“黄金时期”的城市发展背景下，以今天的淮海中路和衡山路一带为核心，形成高级商业和住宅汇集的近代法租界西区。

第三次扩张后，法租界为扩张部分做了完整的道路系统规划。除了既有道路外，规划道路采用了规整的网格形式，路幅也比较宽，并设置了三处放射形道路网聚焦的小广场，显然是受到巴黎的林荫大道、放射形道路及广场的影响，只是尺度小了许多。后来的道路建设并未完全按照这个规划，尤其是在武康路所在区域，道路建设依然在很大程度上受到原有农田土地划分方式和河浜走向等因素的影响，而大多呈现自然线形，但林荫道的思路保留了下来。道路线形和路网的自然形态，加上城市特征强烈的林荫道处理方式，创造了既是城市街道，又接近自然的空间氛围，这是法租界西区与上海城市其他区域在空间特征上的显著区别之一。

从法租界西区城市化过程来看，淮海中路—宝庆路—衡山路一线是法租界向西扩张的发展轴，这个轴向的作用在今天仍很明确，仍是整个区域城市空间结构中东西向最重要的骨架。发展轴一线具有法租界西区内道路的一些共同的风貌特征：路旁皆规整种植法国梧桐树，形成一条贯穿风貌区的林荫道，路幅宽度比较统一，街道空间尺度宜人；沿线历史建筑类型样式多样，尺度材质比较和谐，多使用砖、拉毛水泥等多种自然属性较强的外观材料，很少使用规整石材，具有较强的生活化的特征。

由于城市空间的历史演变，这一发展轴自东向西呈现出渐变的特点：东段城市性特点比较强烈，城市氛围比较显著，西段郊区住宅的特点比较明显，绿化繁茂，具有郊区花园住宅氛围；在建筑类型及街道空间上，东段建筑类型多为新式里弄及公寓，沿街为连续的“街墙”，逐渐向西则连续的街墙面开始打断，建筑类型也转变为以花园住宅为主。

2. 历史沿革

在上海开埠以前，这一区域本属原野平畴，溪涧纵横、村落散布、或稻或棉的江南鱼米之乡。晚清时期，西方传教士来此活动，随着开发与发展，它逐渐成为法租界以高雅、幽静著称的“西区”，成为上海西南文化和生活中心。

“西区”形成的历史与法租界的“西进运动”，即向西扩张运动是紧密联系在一起的。法租界在历史上一共进行了三次扩张，第一次扩张在 1860 年，小东门外沿江的一片土地被纳入界内；第二次扩张在 1900 年，西界由今西藏南路向西推展到近重庆中路和重庆南路，第三次扩张在 1914 年 4 月，以《上海法租界推广条约》为依据，将今重庆中路和重庆南路以西至徐家汇全部划归法租界管辖。这个法租界新扩充的区域就是人们通常所说的“西区”，是上海租界最晚形成的一个区域。

1914 年条约签订以后，是上海社会财力最雄厚的时期。经过开埠后近 70 年超常规的发展，到这个时候，上海开始步入所谓的“摩登时代”，并迅速成为整个亚洲最繁华和最国际化的大都会，被誉为“东方的巴黎”和“最世界主义的城市”。上海迈向摩登和国际化的过程，从某种意义上说，是上海工商业大发展、社会财富骤增和再分配的过程。在这个过程中，一大批来自全国乃至世界各地的城市精英快速聚集起数量不等的可观财富，一个新的上流社会和一个比上流社会远为庞大的中产阶级加速形成、壮大。

经过周密规划的法租界西区催生了中上层阶级的城郊居住模式。环境幽静、避开喧嚣的城郊原本为有钱和有权阶级居住，因此城郊被赋予一种身份的象征意义。花园住宅和新式里弄住宅成为当时企业推广的一种经理阶层、高层职员的集居形式，通过提供城郊理想的低密度居住环境和配套的卫生、教育、体育等设施，推广“西化”的生活，获得中上层阶级的认同。同时，道路和市政设施的建设，减少了交通成本，促进了这种城郊居住模式。法租界当局很明确要把新扩充的西区建设成西方特征鲜明的、能够体现生活品质的新城区，避免出现公共租界内华洋混杂、五方杂处的状况，先后颁布一系列规定，并有严格的执行力度。鉴于中式土木结构（木材与土坯墙建造）的房屋容易发生火灾，法租界当局倡导在新扩充区内建造欧式建筑，禁止建造中式房屋。早在1900 年，法租界公董局就通过了一项房屋建造法案，规定在今嵩山路以西的扩充区内，除非得到总领事的同意，禁止建造木材和土墙组成的中式简陋房屋。1921 年，公董局又决定在公馆马路（今金陵东路）、爱多亚路（今延安东路）、霞飞路（今淮海路）、福熙路（今延安中路）、贝当路（今衡山路）等主要道路上，如果申请建造中式房屋，该房屋的外立面必须是西式样子，才能发营造许可证。由于这些规定执行得比较严格，几十年下来，造成了法租界西区境内几乎是清一色的西式建筑。与上海其他区域在建筑上中外互见、东西交错的格局和景观不同，法租界西区的建筑更洋派，更“世界主义”。

不仅如此，1938 年，法租界当局又出台了《整顿及美化法租界计划》，这一计划将海格路 （今华山路）、姚主教路（今天平路）以东，拉都路（今襄阳南路）、古拔路（今富民路）以西，福履理路（今建国西路）以北，福熙路（今延安中路）以南地区列为特别高级的住宅区，并规定这个特定的区域内，只准建造“连幢房屋”和单宅或双宅房屋，且需有暖气设备（或壁炉）和卫生设备，如不符合这样的标准，将不再核发营造大执照。这个新法令在 1939 年又进行了进一步调整，已经确定的高级区被定为 A 区，增加 B、C 两个同样等级的控制区域，高级区范围大幅增加。这一法令对提升霞飞路两侧区域的城市品质，确保西区整体面貌产生深远的影响 (图 2-25)。这些规定大幅提高了区域内建筑的

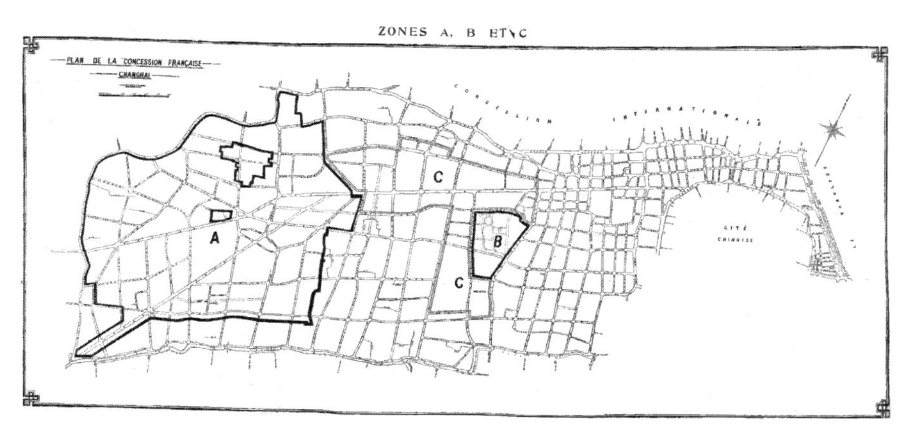

图 2-25　1939 年法租界公董局《整顿和美化法租界计划》的补充规定示意图

档次和建造标准。这一区域在市政规划、建筑设计风格、建筑材料使用上，都赶上了欧美城市建筑潮流，显示出上海其他地区（包括华界和公共租界）颇为不同的风格。区域内的历史建筑尤其是近代公寓和花园洋房代表了上海近代居住建筑在城市规划、建筑艺术和技术的最高水平。西式居住、商业、文化艺术、宗教、教育和医疗等活动在此展开、演化并与本土文化相融合。

3. 风貌特征

区域内道路为放射状与方格网相叠加的形式，既有利于建筑布置、交通疏散，又使城市空间和景观富有趣味；低、多层建筑和低密度的空间分布广泛，构成整个空间格局和肌理的基调统一协调中富有变化。

整体统一感是这一区域的一个基本特征，首先，建筑的尺度基本一致。其次，街道景观要素比较单纯，行道树整齐有序，所有地块的院落和围墙布局方式都遵循基本同样的规则。最后，所有街道的空间特点非常一致，以车行道为主干（道路宽度12～15米），两侧为人行道、行道树及花园住宅围墙，由行道树遮蔽的车行范围和人行范围形成空间和视线的“通廊”，街道断面简单，但空间感十分明确，尺度宜人。

在整体统一感的基础上，该区域的建筑又体现出风格样式各异，细节和材质种类丰富且各不相同的特征，多样性十分突出。作为上海花园住宅最集中、覆盖面最广的地区，该区域分布了大量风格各异、质量较好、环境优美的花园住宅，汇集了欧美各国住宅、别墅、官邸建筑的特征和艺术手法，具有西班牙、英国、法国、挪威、德国等传统或带有美国殖民地色彩以及西方现代手法的多种风格；区内公寓也是全市数量最多、类型多样、质量较好，如枕流公寓、淮海公寓、毕卡地公寓（现衡山宾馆）、培文公寓、西湖公寓等。此外还包括多处成片的新式里弄，著名的有新康花园、上海新村等。作为区内另一大特色的公共建筑，涉及商业办公、文化娱乐、医疗、教育科研、宗教等领域，其中以宏恩医院、国际礼拜堂、震旦大学、国立中央研究所等为代表，这些建筑一般气势宏大、建筑优美精致、环境舒展幽雅，集中反映了上海近代居住和公共活动形态的优雅时尚、兼容并蓄的特征。

值得一提的是，随着西方建筑风格和西方建筑师进入上海，这些所谓的“西式建筑”在经历了文化移植后产生了变异，“西班牙式”“英国式”“古典式”“装饰艺术派”等这些西方建筑风格的标签已经无法与大多数的上海近代住宅建筑一一对应了，大部分只是在局部或细部体现一种风格的样式特征。概括来说，区内的住宅建筑在样式特征上以西班牙式、英国乡村别墅式以及装饰艺术派与现代派相结合三大类居多。传统的西班牙风格建筑注重装饰，一般带有天井或庭院，墙面多采用丰富的纹理和质感，采用铸铁花饰等；而上海的西班牙式住宅风格并不纯正，多与其他风格折衷，细部有所简化，没有庭院或庭院很小，大部分只是在局部或细部体现一种风格的样式特征，标志性的装饰只集中在一些细部与局部，如水泥拉毛的墙面、筒瓦屋顶、檐口的齿饰、窗间的螺旋形柱子、烟囱、拱形门窗等处。英国乡村别墅式住宅的样式特征主要体现为山墙和外墙上都有半露木构架、红砖勒脚，屋顶的坡度比较陡，用红瓦铺屋顶，黄色或白色粉刷墙面，墙角有时用红砖镶嵌。装饰艺术派风格则强调竖向线条、线形装饰条、几何化的造型以及几何图案装饰。

除此之外，自然性与城市性的兼容性也是本区的重要特征之一。区内大多住宅建造在原有的郊区农田上，城市边缘的乡村风光和自然特征突出，营造了郊外住宅的氛围，但在市政规划、建筑的风格样式、规模、技术和设施等方面却契合了当时最摩登的住宅需求和浪潮，体现出明确的城市性。行道树连续的统一感带来了这个区域的城市性，从而实现花园住宅区域兼有城市和郊区风貌特征。包括在同期中国近代城市中较为少见的竹篱笆围墙的处理方式，与主体建筑纯正的、非常考究的外观和室内做法形成的反差，其实也可以理解为源自对于自然追求的表现。

作为发展轴的淮海中路—宝庆路—衡山路一线，根据其从东到西的风貌特征的变化，可以划分为三段：淮海中路的陕西南路至重庆南路路段、淮海中路的常熟路至陕西南路路段以及宝庆路—衡山路路段（图 2-26）。其中，淮海中路重庆南路至陕西南路路段长约 1300 米，是典型的淮海中路商业街道；淮海中路陕西南路至常熟路路段长约 1000 米，是淮海中路由东部城市性特征较强的区域向西部的花园住宅区转化的过渡段，城市性特征逐渐减弱，花园住宅区氛围逐渐增强；宝庆路至衡山路总长约 2100 米，形成了连接淮海中路和徐家汇的绿色通廊。

（1）淮海中路重庆南路至陕西南路路段

路段道路红线宽在 24.4 ～ 28 米之间，历史建筑前的人行

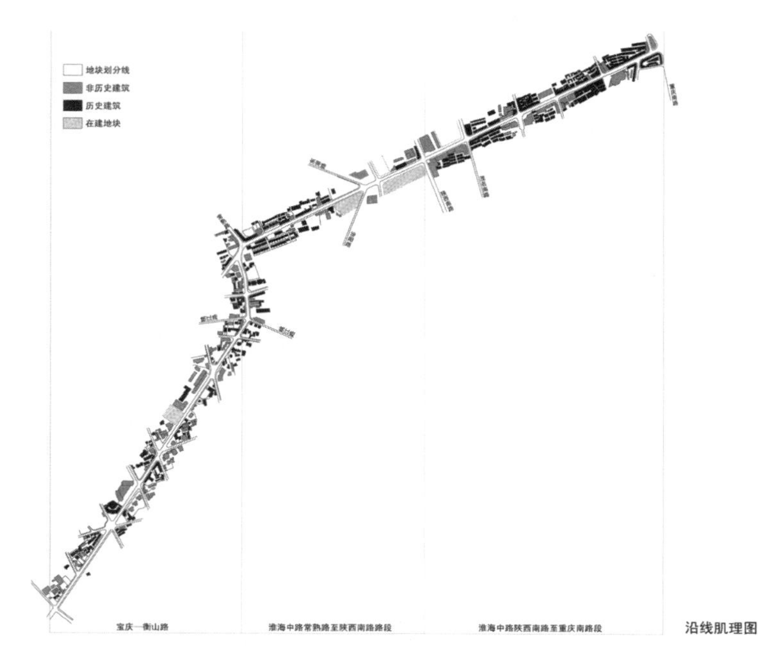

图 2-26　淮海中路—宝庆路—衡山路分段示意

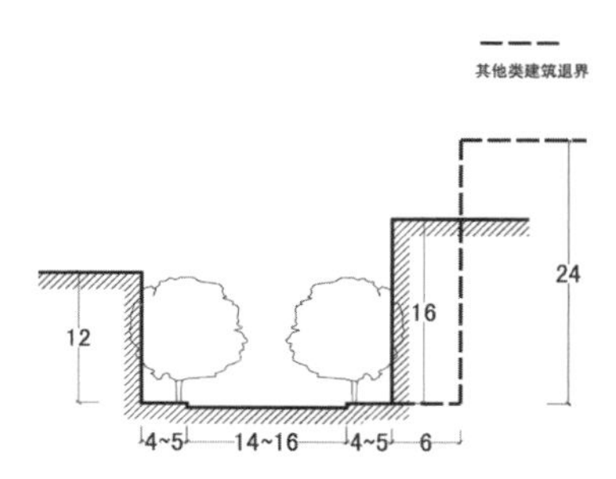

图 2-27　淮海中路重庆南路至陕西南路路段街道剖面

道宽约 4 ～ 5 米，非历史建筑多退界 6 米左右。街道高宽比约为 1 : 1.5，与外滩地区街道高度比为 2 : 1 所形成的街道感受完全不同（图 2-27）。

沿线沿街建筑界面连续完整，较少有打断，历史建筑高度基本持平，多在 3 ～ 5 层之间（图 2-28）。建筑底层形成连续的商业店面，在较为隐蔽处设内部住宅地块的入口。沿街历史建筑立面所使用的材质以砖墙、拉毛水泥砂浆、涂料粉刷等居多，材料的自然属性较强且尺寸较小，具有较强的生活化的特点。装饰风格较多地体现出几何化的特点且尺度较小。立面设计上多有竖向线条，强调开间形成的节奏感和韵律感（图 2-29）。

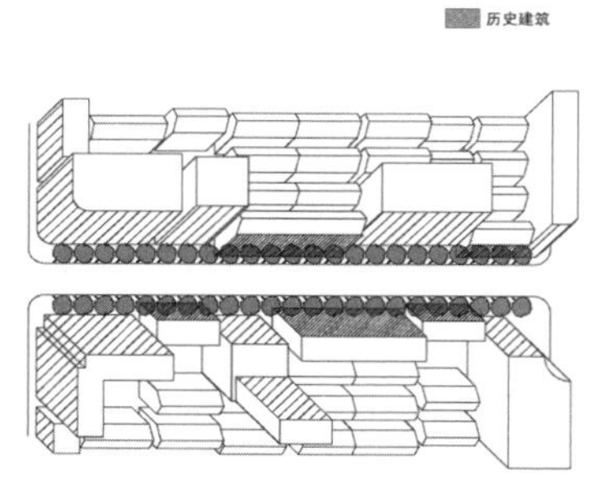

图 2-28　淮海中路重庆南路至陕西南路路段典型街道空间轴测图

（2）淮海中路陕西南路至常熟路路段

淮海中路陕西南路至常熟路路段道路红线宽约为 24.4 米，人

图 2-29　强调竖向线条的沿街立面

行道宽 4 ～ 5 米 (图 2-30)。沿线地块肌理构成混杂，有现代的高层建筑和公寓住宅，并且沿街开始出现花园住宅，连续的建筑界面和商业界面开始打断 (图 2-31)。临街历史建筑多集中在东湖路至常熟路路段。

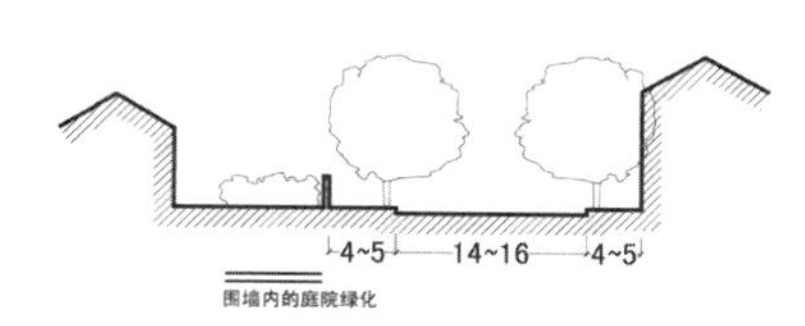

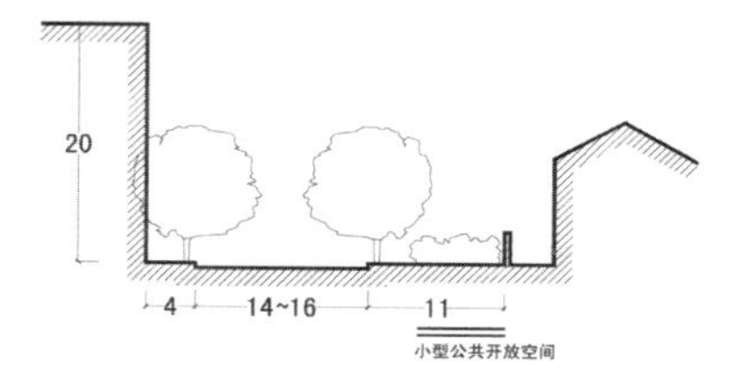

图 2-30　淮海中路陕西南路至常熟路路段街道剖面

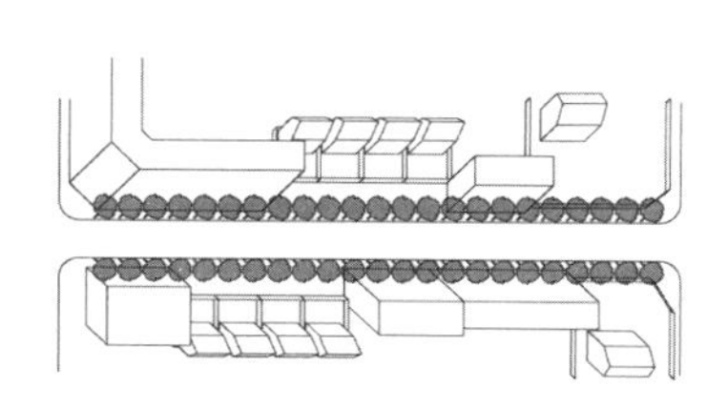

图 2-31　淮海中路陕西南路至常熟路路段典型街道空间轴测图

(3) 宝庆路—衡山路

宝庆路至衡山路路段街道宽约为 21.3 米，人行道宽 4 ～ 5 米 (图 2-32)。沿线具有浓厚的花园住宅区氛围，绿化繁茂。历史上宝庆一衡山路沿线建筑密度低，覆盖率较小，现状衡山路沿线部分地块建设量较大,建筑数量增多,但并未改变其整体特色(图 2-33)。

沿线历史建筑多在绿化的掩映之中，形体较为隐蔽。街道空间上可见的建筑立面多较为低调，材质多为砖或拉毛水泥砂浆等，色彩以灰色系居多。沿街界面以围墙以及围墙后展露的庭院绿化为主。

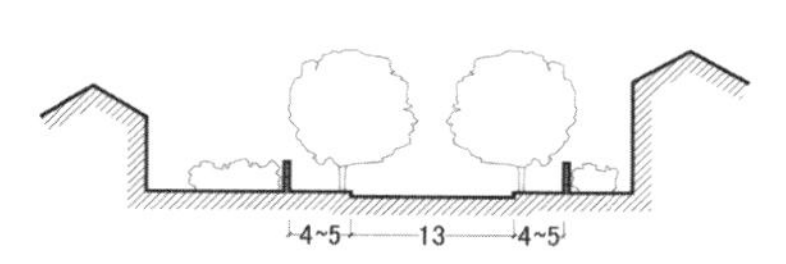

图 2-32　宝庆路至衡山路路段街道剖面

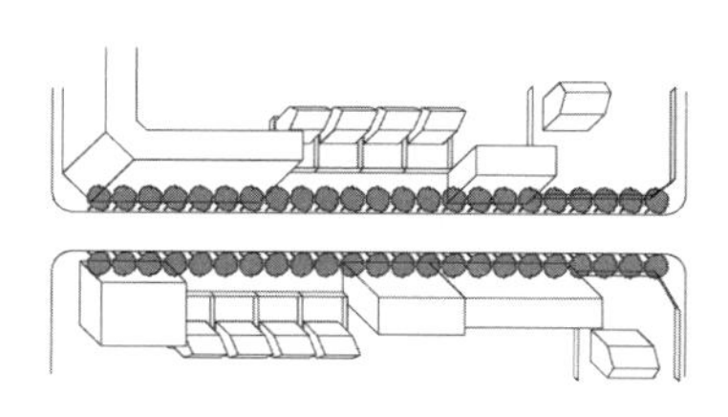

图 2-33　宝庆路至衡山路路段典型街道空间轴测图

4. 问题及解决思路

对于不同的路段，其构成风貌特征的主要元素以及所面临的问题是截然不同的，淮海中路重庆南路至陕西南路路段影响风貌特征的主要因素集中在沿街建筑立面上；淮海中路陕西南路至常熟路路段则集中在沿街历史建筑界面、沿街小型开放绿化空间、围墙及外露的庭院绿化方面；宝庆路至衡山路路段则集中于围墙及围墙后外露的庭院绿化 (图 2-34)。

(1) 淮海中路重庆南路至陕西南路路段

该路段是淮海中路主要的商业街，历史上，这些近代建筑就是按照底层商业店面的模式设计的，因此应该可以适应商业需求。但当代的商业店面装修往往忽视与历史建筑风格装饰的协调，甚至与历史建筑立面线条或装饰构件产生冲突，历史建筑立面的保护和充分发挥临街商业店面价值两方面需要合理衔接。

对比沿街的商业建筑界面，该路段沿街通向内部住宅地块的入口处作为被忽视的部分，较为破败。地面铺地陈旧残破，铁门样式简陋，治安岗亭样式及摆放位置不佳。虽然不作为沿街重点突出的空间，但在整体品质上，需要与整体路段相协调，并与风貌特征相适应。

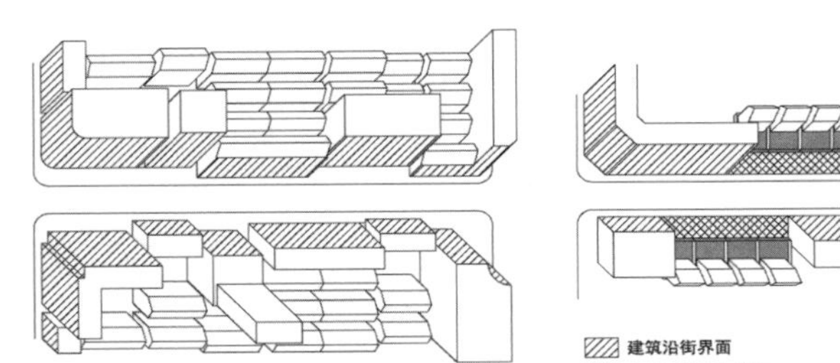

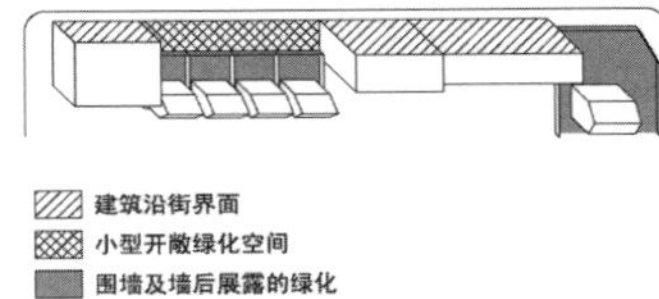

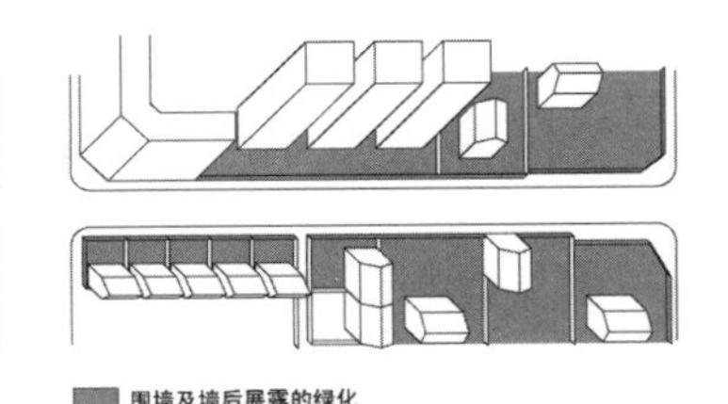

图 2-34　不同路段影响风貌的主要因素

（2）淮海中路陕西南路至常熟路路段

相较前一路段，该路段历史建筑种类更多，因此，需要面对的问题也更为多样。例如，历史建筑沿街立面外观破旧，店面和店招影响历史建筑风貌特征，存在影响风貌的附加物等问题，与前一路段较为相似。同时还存在原有花园住宅改变局部使用性质、破墙开店等问题。因此在保持历史建筑立面风貌特征、规范店招和附加物的同时，还需要对于花园住宅或者其他历史建筑更新方面的新举动，做出相应的引导和控制。

对于本路段开始出现的沿线小型绿化空间、围墙及外露的庭院绿化，目前存在的主要问题是绿化空间多为花坛、灌木等绿化形式，可进入性不强；沿线的围墙及其后外露的庭院绿化较为破败，从街道上所见的效果不佳。这些影响街道空间或区域品质的问题，可以通过景观式的更新引导达到提高空间品质的目的。

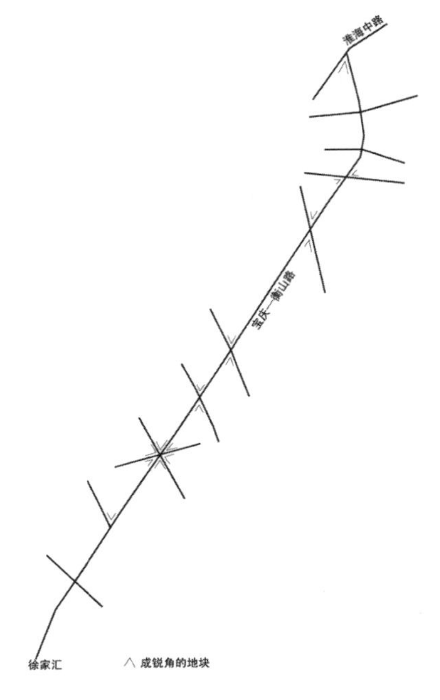

图 2-35　衡山路与多条道路斜交形成交叉口空间

（3）宝庆路—衡山路

该路段沿街多为通透围墙，存在的问题与前一路段相似，围墙后外露的庭院绿化多杂乱破败。除此之外，还存在的问题是在该路段上，衡山路与多条道路斜交形成众多交叉口，特别是存在许多锐角的地块（图 2-35）。由于建筑退后形成斜角的空地，可以说是区域特有的公共空间，并且可以作为提升街道空间品质的小型开放空间，但目前并没有得到重视。

第三节　老城厢地区风貌研究

1. 概述

老城厢是上海历史的发祥地，是上海中心城整体性最好、规模最大的一处，以上海传统地域文化为风貌特色的历史文化风貌区，留存有上海 700 多年城市发展的历史痕迹，蕴藏着各个城市发展时期丰富的物质与非物质的历史遗存，集中体现了清末民初以后上海的传统城市生活文化。风貌区边界明确、形态独特，区内街道交错密布、巷弄蜿蜒曲折、街巷景观多变、建筑类型众多，商业街市呈网络状布局，为典型的自然发展形成的中国传统城市格局。

老城厢应在物质和精神两个层面延续和发展城市历史——在物质层面，必须保留城市空间结构、城市肌理特征和传统建筑特征，而保留这些特征的前提是彻底地更新改造，使之能够适应当代生活的需要，大大提升老城厢的生活品质；在精神层面，由于老城厢在过去 700 多年中始终延续和演进着一种体现上海本地文化的生活方式，因此在延续物质性特征的同时，必须一定程度上延续老城厢特有的生活方式特点。总之，未来老城厢应该是上海中心城唯一一处有 700 余年历史，并且是活着的、有吸引力的城市特色区域。

2. 历史沿革

最早的上海城早在 13 世纪上海建镇时就已具雏形了。由于上海地区以埠际贸易为中心的商品经济的发展，城镇的规模逐渐扩大。明代弘治年间 (1488 — 1505 年) 上海已是“人物之盛，财赋之多，盖可当江北数郡，蔚然为东南名邑”，[1] 当时镇上已有“新衙巷”“新路巷”“薛巷”“康衢巷”和“梅家巷”五条主要街道。[2] 到了明嘉靖年间 (1522 — 1566 年)，镇上街巷已增至十多条，在镇中心的县署东西两侧筑有南北干道“三牌楼街”和“四牌楼街”，城中已有南北、东西走向整齐交叉的街巷道路

1. 明弘治《上海县志》卷一，疆域志。
2. 明弘治《上海县志》卷一，疆域志。

系统，[1] 街坊也已达 61 个之多。[2] 主要道路大多沿河而筑，河网、道路纵横，桥梁星罗棋布，一副典型的江南水乡市镇的面貌。其时不仅城内街巷纵横交错，城外沿黄浦江地带，道路也交叉连贯。

在这一时期，横贯城内的第一干河是肇嘉浜（今复兴东路），它东通黄浦，西达松江府城。另一条与肇嘉浜平行的主干河是方浜（今方浜中路），它在城内近西面城墙时折向南北两流，南流与肇嘉浜相通。主要东西向的河流，在肇嘉浜以南还有薛家浜（今乔家路），也是东通黄浦；在方浜以北则有侯家浜（今福佑路）。后在清末民初之际，由于公共卫生以及交通需求的原因，城厢内河浜悉数填没，道路格局未变，但空间景观从传统江南县城转为开始迎合近代生活需求的近代城市，城市的街道布局基本定型——也就是今天所见之黄浦区老城厢。

上海从建镇直到明代中叶一直无城墙。明代中叶（1533 年）为了防止倭寇侵扰，才正式筑城。由于是先有城镇而后筑城墙，上海县城不像中国其他封建城市那样四四方方，而是略具方形的不规则椭圆形。并且，由于经济发展靠近东部沿浦一带，城内密度东密西疏，城门也呈不规则分布，东部更密。清末民初，由于交通需求以及当时刚刚设立的租界对于老城厢的城市结构和管理体制的冲击，城墙及城门被拆除，原地筑路，成为今日作为老城厢环形边界的人民路、中华路。

3. 风貌特征

（1）区域完整性

老城厢是一个完整的“城”，边界明确（人民路—中华路环道）。保持一个完整连续的边界是实现完整性的一个要素；现在有局部被开放性大绿地打破，而中国传统城市中是不具备这类西方近代城市中的大绿地的，这其实是老城厢的边界特征的一种异化。

老城厢现状城市肌理体现两种模式的叠加：现代城市肌理（新建大型建筑、新建住宅小区，公共绿化）与传统城市肌理。近年

---

1. 明嘉靖《上海县志》。
2. 何重建，《东南之都会》，引自上海建筑施工志编委会编写办公室，《东方“巴黎”：近代上海建筑史话》，上海文化出版社，1991：18 页。

来的大规模城市化改造，出现了大量新建现代建筑，约三分之一的区域已经成为现代城市肌理，但是仍有约三分之二的地区保持着由江南水乡的肌理演变而来的传统城市。这两种肌理在城市整体结构中的分布呈随机状态。

（2）城市肌理特征

老城厢现有的大部分街巷是在传统江南水乡的基础上演变而来的，它的布置方式体现原先河道网络的关系。街巷的宽度通常都在 10 米以下，街巷的等级与宽度并不存在严格的对应关系，整体街巷网络呈现出均质、不规则、无等级差别的特点。此外，整体网络中存在明显的过渡层次，通过街、巷、弄，到每一个街坊地块以通道、备道和宅间道的形式出现，从公共部分到私密部分形成“街—巷—弄—末梢空间”的完整街巷网络结构(图 2-36)。

老城厢的建筑在水平向度上展开布置，没有专门的城市广场，建筑与建筑之间也只留有很小的间距，地块的建筑密度很高，无法形成公共开放空间，居民的公共生活以街巷来实现，有“街道生活”但是没有“广场生活”(图 2-37)。

老城厢的街道空间具有强烈的围合性，典型的街道空间由2～3层的建筑围合街巷，因为是人行时代发展起来的传统城市，街道宽度很小，根据宽度可分为三个层次（3～5米、5～7米、7～10米）、街巷无人行车行之分，线形蜿蜒多变(图 2-38)。

图 2-36　街巷网络示意

图 2-37　建筑密度示意

图 2-38　街道围合感强

（3）建筑特征

历史建筑多为坡屋顶，建筑层数多为 2 ～ 3 层，高度在 10 米左右。建筑界面紧贴街道，基本没有退让，间距狭窄。建筑材质多为砖石、汏石子外墙、木材，色调为中性淡色居多。

4. 问题及解决思路

与其他地区不同，老城厢面临的主要问题仍旧是整片地块更新带来的历史建筑的拆除以及历史街道消失和变化的问题，比如方浜中路大境路核心保护范围的更新结果。表现出的是整体性保护的欠缺，其核心却是整体较差的历史建筑与可持续发展之间的矛盾。

从居住建筑建造的平均水平来看，老城厢地区的确属于全市较低水平。晚清随着开埠被边缘化的老城厢，成为人们怀旧去处的旧时商业中心，建筑仍然遵循原本地籍的流转，狭小而曲折，因此少有规模较大的建筑群体（图 2-39），多是几幢一组的高门大院的建筑形态，此种建筑类型在上海其他地区是极为少见的（图 2-40）。传统手工业及商业对于货栈空地的需要，以及战时轰炸后留下的废墟，为拥挤而低矮的自建住宅创造了机会（图 2-41），其中有相当一部分自建住宅，与地块中其他的历史建筑混杂在一起，在一轮轮更新中留存了下来。目前，本身建造标准和水平并不高的里弄建筑与大量的自建住宅，以及更新后的多层建筑混合在一起，狭窄的建筑间距，缺失的绿化，简陋失修的建筑本体，加上拥挤的居住密度，成为老城厢历史肌理的主要组成部分。面对这些不具备重要历史价值与艺术人文价值的历史构成，更新改造的难度远大于上海其他地区的里弄建筑，其保护更新方式的选择才是对于目前老城厢整体历史空间留存的最大挑战。

而体现了特有空间肌理的历史街道，在这一区域中是由两部分组成的。一部分是街区中短小的街巷，受地籍的影响以及自然生长的特征，展现出较少贯通、曲折蜿蜒、街巷断面多变的特征，需要以历史建筑的留存为基础才能得到保护。除此之外，另一部分是在填浜筑路的过程中形成的几条重要的道路，其线性关系清晰地表现了老城厢原有的江南传统县城的空间格局向近现代城市的转变。除方浜路外，还包括福佑路、侯家路、亭桥路、蓬莱路、静修路、梦花路、乔家路等，仍旧延续了原有的走向和线形。对于城市空间的形成过程决定了其曲折且不

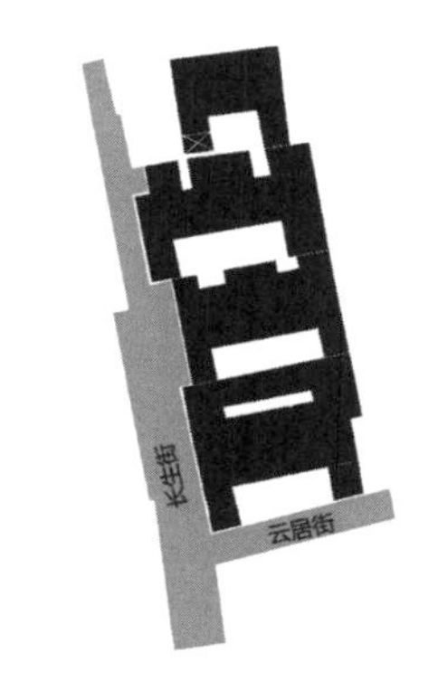

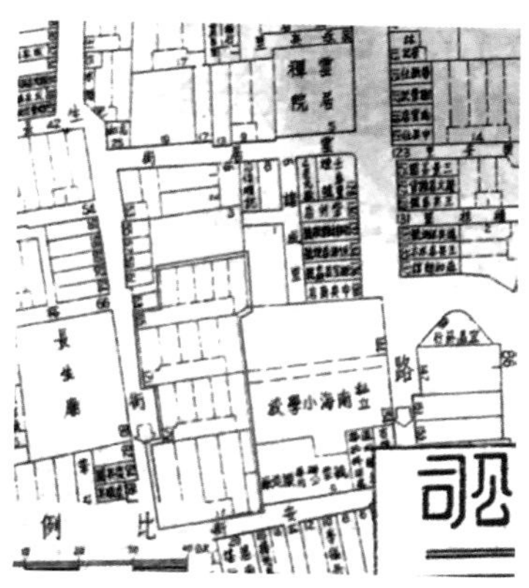

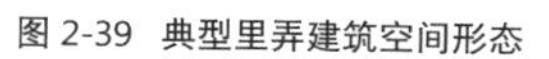
图 2-39　典型里弄建筑空间形态

图 2-40　特有大宅空间形态

图 2-41　自建住宅空间形态

通畅的空间特征的历史街道网络，在已经形成了畅通的一横一纵一环基础上，分区块以步行为主其实是更为适宜的选择，无论从历史街道的尺度感受来说，还是从保持老城的活力来说。

第四节　山阴路地区及祥德路—山阴路—溧阳路风貌研究

1. 概述

1902 年公共租界当局把四川北路从今武进路一口气“越界”筑至江湾与宝山一带，意图以此为跳板取得吴淞口乃至长江广大岸线。当时重点发展多伦路、溧阳路、黄渡路以至山阴路一带，使之成为面向外侨与高级职员的住宅区，现在将其称为山阴路地区。20 世纪 30 年代初，当大量日本侨民集中在虹口区时，日本在本地区设立了日本海军陆战队司令部，并以此作为霸占整个虹口区的大本营。该区地处“半租界”，各种势力混杂，政治环境复杂，有利于革命活动的秘密进行，丰富的人文和革命历史在这一区域留下了不少遗迹，使其成为上海有别于其他地区的一块区域。

祥德路－山阴路－溧阳路位于山阴路地区的东北，包括有祥德路、山阴路和溧阳路三条路段，贯穿区域南北，成为地区的发展轴线。沿线历史建筑数量众多，多为住宅类建筑，保存状况良好。

2. 历史沿革

从历史渊源来看，虹口地区建设发展的历史最早可以追溯到公元 6 至 8 世纪，这里曾是唐代捍卫海塘遗址，名洪口，后为避讳改名虹口。清末，地区的建设发展主要依托虹口港和虹口、江湾等集镇，地域内大多为村落和农地。

1848 年，美国传教士文惠廉（William Jones Boone,1811 —1864）凭借美国势力，借口建造教堂，在虹口地区置地建屋，并进而发展为美侨居留地，后称美租界，从而在虹口地区拉开了租界建设发展的序幕。1863 年，在美领事熙华德的压力下，划定美租界横跨杨浦、 虹口、闸北三区南部，面积是原来的几十倍。同年九月，英、美两租界合并为英美租界。1899 年租界范围再度扩大，与英租界合并，改名为公共租界。20 世纪初期，虹口地区的城市建设重点随着租界当局的“越界筑路”向北发展，该地区的城市建设也由此进入新的历史阶段。1903 年，租界当局者先以修建新靶子场和公园为由，越过靶子路（今武进路）将北四川路（今四川北路）向北延伸至宝山县江湾乡金家库（现鲁迅公园附近），并于 1906 年在此铺设电车，将工部局的水、电和电话等设施供给该处居民。此外，工部局还修建了虹口公园、靶子场和游泳池等公共设施，将“越界筑路”两侧变成事实上的租界。工部局还试图通过发展虹口来吞并正在发展中的华界闸北，并将虹口往北扩展到江湾一带的宝山县内，最终取得吴淞口以至长江口的广大岸线，以解决当时租界对港口、仓库、工厂场地匮乏之困境。因此，虹口地区一时变得十分重要，进而带动了地区的发展。

这一地区以居住功能为主，拥有大规模的花园住宅和新式里弄，当时在 1932 年“一 · 二八”事变前，虹口地区到处可以见到日本人，致使有人将该地误认为“日本（东洋）租界”，特别是吴淞路更有“小东京”之称。1937 年“八一三事变”后，虹口地区沦为日本占领区，大量日本军事机关进入该区，居民纷纷外逃，大量的工商企业和文教卫机构倒闭或停业。抗战胜利后，虹口地区虽然出现了短暂的恢复生机的迹象，但随着内战全面爆发，本地区未能得到进一步的发展。

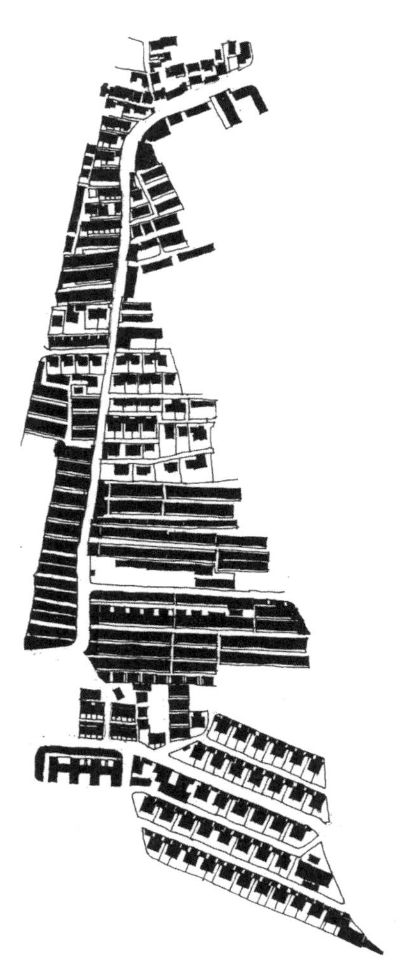
图 2-42　祥德路－山阴路－溧阳路街道空间肌理

3. 风貌特征

区内以居住功能为主，存有多种类型的住宅建筑，既有不同时期与不同类型的里弄 30 余条，又有独立和并立式花园住宅近百幢，称之为上海近代住宅建筑的博览会也不为过。多样的住宅类型带来街区形态和街道景观的丰富多彩，成为这一街区的最重要的特色之一。

住宅建筑多修建于 19 世纪二三十年代，建造年代相近，体量尺度类似，多为 2 ～ 3 层建筑。历史建筑外立面材质相仿，多为青红砖墙，水泥拉毛粉刷等具有较强自然属性的材质。同时沿线的历史建筑有类似的风格特征，如立面的门窗洞口上多带有拱券的装饰线脚。

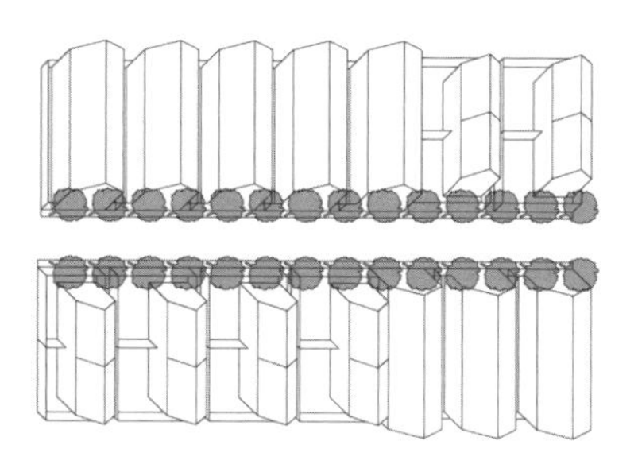
图 2-43　典型街道空间轴测图

祥德路－山阴路－溧阳路作为贯穿南北的轴线，道路总长较长，与其相交的道路较少。整条道路路幅不宽，少有开放空间，使得街道空间有很强的连续感。一方面，道路沿线两侧植有连续高大的悬铃木，在第一层次形成街道空间的连续性；另一方面，道路两侧连续和尺度统一的建筑立面以及围墙所形成的沿街界面，在第二层次强化了街道空间的连续性（图 2-42，图 2-43）。

同时，成片里弄和花园住宅群使沿街建筑立面分段呈现不同的特征，街道空间具有节奏性（图 2-44）。道路与两侧地块的交接多为“尽端”支路空间，以众多的弄口与主要街道空间相接。这和上海其他地区的经由弄口、主弄、支弄与主要街道空间相连接的空间特点不同。

4. 问题及解决思路

对于街道空间来说，影响风貌的主要因素集中在临街的建筑立面、围墙和弄口、绿化、店面、铺地等处。

（1）建筑

作为祥德路—山阴路—溧阳路风貌特征最主要的要素，沿线建筑多为里弄及花园住宅类建筑，整体建筑质量和品质在上海地区的历史建筑中并不算太高，部分会出现不符合原有风貌特征的修复或更新行动，包括不合理搭建、材料色彩的滥用等，整治引导应遵循其多样性和统一性的风貌特征。

（2）围墙及弄口

围墙是形成该风貌道路连续性特点的界面要素之一，与法租界西区不同，沿线围墙主要为实体不通透围墙，现状问题主要集中在样式简陋和外观破败方面，相较于品质的提升，更应多关注在破败部位的整治。

弄口空间是道路两侧地块与主要街道空间相接的重要部位，根据空间连接的分析可以得知，相较于其他地区，该区域与历史街道存在更多的弄口直接相连的情况。因此，其对于街道空间以及街道风貌的影响更大，并且这种空间连接的方式也使得街道空间承担了更多的“主弄”功能，相较于其他地区，更加生活化，居住人群的活动也更为频繁。目前部分弄口空间存在的主要问题与围墙相似，比较破败，需要通过整治行动对于现有状况进行改变和提升，整治时需要对于弄口整体空间具有整体认识，将空间

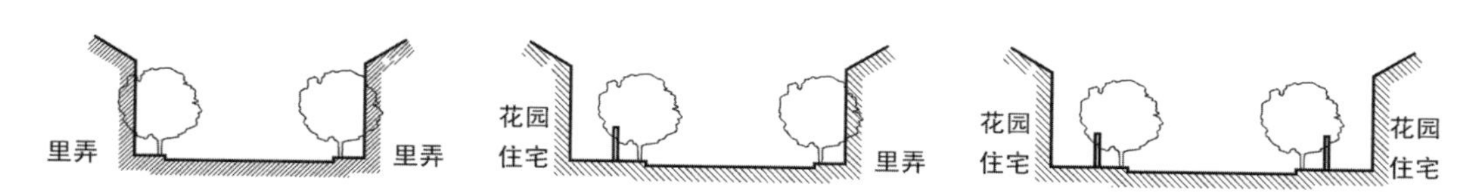

图 2-44　街道剖面的主要类型

中的各要素协调统一，并形成多样性的特征，例如临近的围墙及建筑、铺地、弄内绿化、灯光照明、大门样式、铭牌指示牌等。

（3）绿化

道路沿线的绿化基础较好，绿化覆盖率较高，可以依照不同类别确定问题的解决思路。

首先，行道树构成的林荫道绿化状况良好，但个别位置排列不连续，需要补种，加强街道空间的连续性。其次，沿围墙绿化主要为伸出封闭围墙的沿墙灌木和树木，可以强化沿墙绿化的作用，补种部分地块的沿墙绿篱。再次，花园式住宅的庭院绿量较大，应该作为区域空间品质提升的重点，对于整体绿化景观环境进行整治和改造，如果不是独立进入的绿化空间，则应该与建筑的更新相结合。最后，沿线较少有公共绿化，仅在山阴路南端有数片小规模公共绿地，针对以建筑及围墙界面为主的街道空间，可以适当点状、小规模、局部添加沿街绿化，增加空间的公共性和风貌。

第三章

上海历史街道保护演变及更新历程

历史街道作为历史文化遗产体系中的一个组成部分，对其认识随着对遗产的理解不断深化，从最初作为风貌区域的格局体现，到最终作为保护主体，历史街道与单体历史建筑、历史区域共同构成历史文化遗产体系。在这一过程中，对其保护涉及的具体要素也在不断地细化和完善。

与此演化阶段相对应的是历史街道的更新过程的变化。在遗产价值没有被认同或者被确定的阶段，更新活动的目标往往是以经济发展或者市容整治为主的。随着对于历史街道的遗产价值的理解加深，在更新活动中对其风貌特征或历史景观特征的尊重和保护逐渐注重起来，并开始持续探讨不以环境整治为唯一目的，而是将长效的精细化管理作为主要目标的历史街道的更新方式，以及管理指导文件的形成。

第一节　历史街道保护内容的演变及保护体系的形成

1. 历史遗产保护层次完善的过程

1986 年，上海被国务院批准为第二批国家历史文化名城。1989 年，在国家建设部和国家文物局的推动下，上海在广泛征求专家意见的基础上首次提出了优秀近代建筑保护名单。1990 年，上海市人民政府正式公布了上海市第一批共 59 处优秀近代建筑（后来又增补至 61 处）。1991 年 12 月，上海市人民政府颁布《上海市优秀近代建筑保护管理办法》，初步形成由规划局、房地资源局和文管委共同负责的管理机制。此后，按照《上海市优秀近代建筑保护管理办法》，1993 年、1999 年、2005 年和 2017 年，先后公布了五批共计 1058 处优秀历史建筑。

除单体建筑保护工作有序推进之外，上海市还较早地开展了历史风貌特色区域成片保护工作。1991 年，上海市规划局开始着手组织编制上海市历史文化名城保护规划，外滩等 11 片区域被列为历史文化风貌保护区。1999 年，上海市规划局又组织编制了《上海市中心区历史风貌保护规划（历史建筑与街区）》，对 1991 年划定的历史文化风貌保护区明确了保护范围和要求，确定了 234 个街坊，440 处历史建筑群，共计 1000 余万平方米的保护保留建筑。

2002 年，上海在原保护管理办法的基础上通过市人大立法，正式颁布了《上海市历史文化风貌区和优秀历史建筑保护条例》，进一步提高了历史遗产保护的法律地位，并正式在法律层面上明确了历史文化风貌区的保护，同时还将保护建筑的对象由 1949 年以前建成的近代建筑扩大到包括产业建筑在内的具有 30 年以上的历史建筑。根据这一条例，上海市人民政府于 2003 年正式公布了中心城区 12 片共 27 平方公里历史文化风貌区（图 3-1）。2005 年，中心城 12 片历史文化风貌区保护规划编制完成并批准后，上海市规划局又开始着手郊区历史文化风貌区的划定工作，32 片共 14 平方公里的郊区历史文化风貌区在经过专家反复讨论和公共媒体公示后正式划定（图 3-2）。

2005 年批准的《上海市历史文化风貌区保护规划》中，确

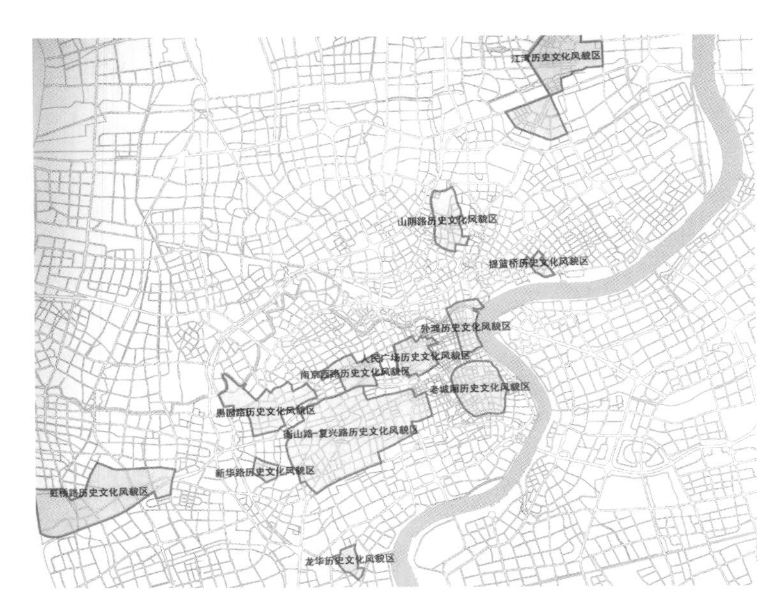

图 3-1　上海市中心城 12 个历史文化风貌区分布图

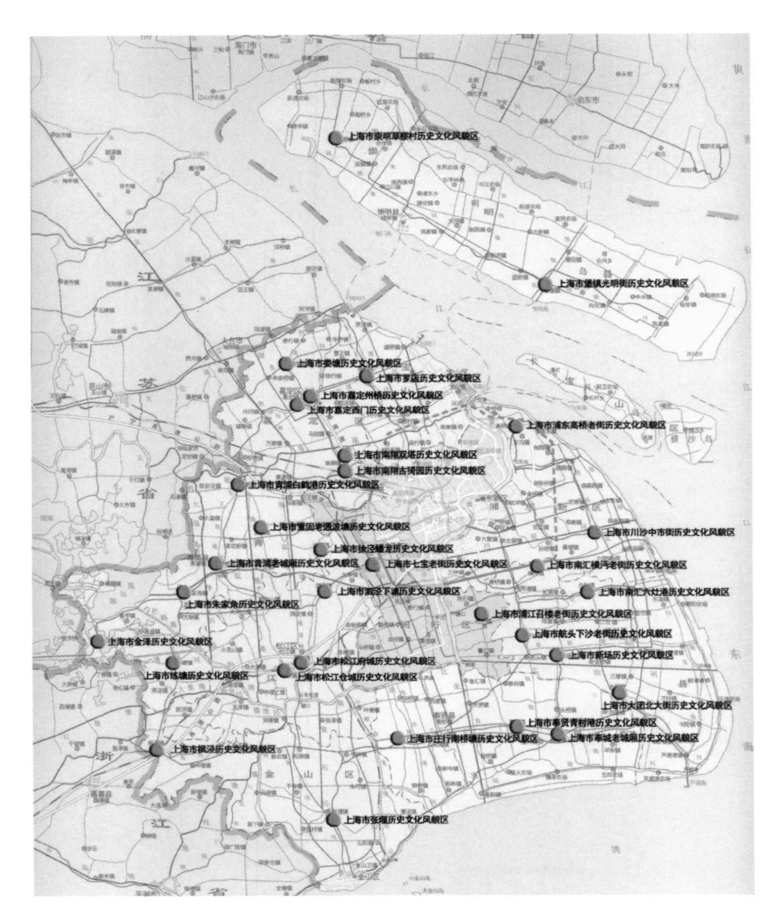

图 3-2　上海市郊区 32 个历史文化风貌区分布图

定中心城 12 个风貌区内风貌保护道路共计 144 条，其中 64 条为一类风貌保护道路。由此，上海在城市规划管理方面逐步建立起重点保护（优秀历史建筑）—街道景观保护（风貌保护道路和街巷）—区域保护（历史文化风貌区）三个层次“点—线—面”相结合的城市历史遗产保护规划管理体系。2005 年，上海市政府正式成立“上海市历史文化风貌区和优秀历史建筑保护委员会”，并下设由规划局、房地资源局和文物管理会组成的办公室，整体历史文化遗产保护工作进入一个新时期。

此后，上海的历史遗产保护制度仍旧在此体系中不断完善和推进的过程当中，比如 2015 年对历史文化风貌区范围的扩大推荐名单的提出和公示，2010 年对《上海市历史文化风貌区和优秀历史建筑保护条例》的第一次修订工作，2018 年对其第二次修订工作目前仍在进行当中。

2. 历史街道保护内容的演变

从历史遗产体系的建立和完善过程来看，相对于单体建筑以及风貌区域，历史道路被确定为保护对象的时间最晚，但在此之前，作为历史遗产的组成部分，历史街道的遗产价值其实一直得到认可，只是其保护内容随着人们对于历史遗产理解的深入，不断演变和完善。

1991 年的《上海市优秀近代建筑保护管理办法》主要内容集中在对上海市历史建筑的保护管理，其中第十九条提道：“在优秀近代建筑相对集中地区，可划定优秀近代建筑风貌保护区；在优秀近代建筑风貌保护区范围内，应当保护体现城市传统和地方特色的环境风貌，保持原有街区的基本格局。”历史街道被看作是风貌保护区的背景要素，其保护范围仅限于“基本格局”不改变。“基本格局”可理解为街区的街道网格，对于具体某一历史街道而言，其控制要素只涉及街道长度、名称，未涉及红线宽度及其他要素。

2002 年的《上海市历史文化风貌区和优秀历史建筑保护条例》正式将上海市历史风貌保护范围扩大到风貌区，其中与历史街道相关的内容有所增加。在第十六、十七条中提道：“在风貌区的核心保护范围之内开展建设活动时，不得擅自改变街区原有的空间格局，以及建筑物原有的立面和色彩；不得擅自新建、扩建区域内道路，对于现有的道路进行改建时，须保持或者恢复该道路原有的格局以及景观特征……在风貌区的建设控制范围内进行建设活动时，不得破坏历史文化风貌。”该条例中除了延续保护街区空间格局的提法，“不得擅自扩建道路”的规定实为保护道路红线，还新增对于历史街道改建活动的要求，提出“应当保持或者恢复其原有道路格局和景观特征”和“不得破坏历史文化风貌”。条例对历史街道提出了风貌保护的要求，开始重视除格局之外的景观特征的保护，但对于景观特征或者风貌的描述还是比较概括的，现实指导性比较弱。

2005 年上海市政府批复了上海市中心城区 12 个历史文化风貌区的保护规划，历史街道才正式作为城市历史风貌保护要素被提出。规划将中心城区风貌保护区内 144 条历史街道分为一、二、三、四类风貌保护道路，并对每一类道路提出了较为具体的保护规划编制指导措施。以保护要求最为严格的 64 条一类风貌保护道路为例，规划要求首先对道路红线进行控制，“不得拓宽”。以该类风貌保护道路为线索，除了严格保护沿线的保护建筑和保留历史建筑，与保护、保留建筑尺度、风格基本协调的一般历史建筑也需以保留、整治和修缮为主。另外，规划要求还具体提出了历史街道的保护要素，如路面铺装、行道树、古树名木、特色围墙、庭院绿化、街道家具，等等。对于沿线新建建筑的高度、体量、风格、色彩、形式、面宽、退界距离、建筑间距等各项规划指标，也需根据周边历史建筑和道路风貌进行控制。作为保护对象本体，开始对于历史街道的景观特征及风貌特征做出包括控制要素的一系列规定。

2007 年，上海市政府批复了市规划局《关于本市风貌保护道路（街巷）规划管理若干意见》（以下简称《意见》），进一步明确了上海市历史街道风貌保护的规划要求，并更详细地完善了保护要素、整治规定和协同管理部门的内容。《意见》较为完整地列出上海市风貌保护道路保护规划中涉及的保护要素，包括:

（1）路幅形式、沿街绿化布局、植物配置、道路空间景观、地面铺装的道路断面设计；

（2）沿道路两侧第一层面建筑（包括保护、保留历史建筑）的容量、高度、退界及建筑形式、色彩等规划控制要求；

（3）城市雕塑、广告、店招等规划控制要求和设计；

（4）各类市政、交通和街道附属设施以及沿路围墙的规划要求与设计；

（5）其他相关要求。

关于道路红线、建筑退界、建筑色彩要求、绿化保护、店招广告、城市雕塑、围墙形式、地面铺装及各类公共设施等要素，《意见》逐一提出较为详细的规划要求，其中有几项对于历史街道的风貌控制有至关重要的意义。例如贴线建造，要求“风貌保护道路（街巷）沿线的新建、改建建筑，应当紧贴道路（街巷）控制线建造”，这样避免新建筑的退界破坏历史街道原有的空间格局，保持沿街面的连续性所带来的历史街区意象。在中心城区历史文化风貌区保护规划对于历史街道的控制要素基础上，《意见》对其进行了拓展和细化，历史街道作为点一线一面历史遗产体系中的其中一个层次，其保护内容经不同阶段的演化后最终被确定下来，并为接下来精细化规划的探索指出了方向。

3. 历史遗产保护制度的实施与操作

针对历史遗产体系的不同层次，建立相应的保护制度及日常管理要求，这部分工作主要是通过具有法律地位的保护规划和规划管理技术规定实现。

针对单体建筑，市规划局会同市房地部门和文物管理部门编制文物保护单位和优秀历史建筑的技术管理规定和规划控制要求，以提供保护与规划管理的依据。其中，优秀历史建筑依照条例中根据价值和完好程度所划分的四个保护等级制定：第一类，建筑的立面、结构体系、平面布局和内部装饰均不得改变；第二类，建筑的立面、结构体系、基本平面布局和有特色的内部装饰不得改变，其他部分允许改变；第三类，建筑的立面和结构体系不得改变，建筑内部允许改变；第四类，建筑的主要立面不得改变，其他部分允许改变。保护管理方面，属于文物保护单位的，由市文物管理部门根据文物保护法并参照条例负责管理，对文物保护单位的修缮工程，若涉及改变建设工程规划许可证核准内容（如改变建筑的平面布局、立面形式、主体结构、面积、层数、高度等）的也必须得到市规划局的审核批准。市房屋土地管理部门负责优秀历史建筑的保护管理，制订具体保护要求，并负责将要求和义务书面告知房屋所有人、使用人和有关物业管理单位，建筑的修缮及改扩建行为如果仅涉及建筑内部使用性质和室内布局，由市房地部门负责审核批准；若涉及改变建设工程规划许可证核准内容则必须得到市规划局的审核批准。

针对区域，市规划局组织编制的风貌区保护规划为规划和管理工作提供严格、规范、具有很强操作性的依据。该规划在定位上属于控制性详细规划层面，但又超出一般控制性详细规划深度，不仅包括一般控规的内容，比如用地性质与建设容量控制、道路交通、市政设施、绿化景观、公共设施配套等；同时更突出保护的要求，比如保护要素的认定、保护对象的分类、风貌街道与空间的保护等。在保护与更新关系方面，规划根据整体性、原真性、可持续和分类保护的原则，将风貌区分为核心保护区和建设控制范围，核心保护区内一般不允许大规模建设，且坚持“原拆原建”原则，建设控制范围内，明确以“允许建造的范围”为代表的几类范围可进行建设，且严格控制新建建筑的高度。并在认真甄别与鉴定的基础上，明确每一幢建筑的留、改、拆性质，将风貌区中所有建筑划分为保护建筑、保留历史建筑、一般历史建筑、应当拆除的建筑和其他建筑五类，使得每一幢建筑的整治措施得到明确落实，为规划控制提供切实可行的管理依据。在保障实施方面，规划确立了分街坊图则作为日常管理的依据，将规划所有的控制要求和控制指标都在一幅图则中表示出来，并确立专家特别论证制度，以保障规划实施的有效性和科学性，以及变更过程的灵活性和权威性。

针对道路和街巷，其作为保护对象的确定来自风貌区保护规划，2007 年发布《关于本市风貌保护道路（街巷）规划管理的若干意见》后，风貌保护道路保护规划作为其规划和管理的依据。不同于一般的修建性详细规划，该规划并不是一次性的整治工程设计，而是具有引导作用的长效管理手册与近期整治工作的指导的结合。作为整体历史遗产体系完善的最后一个层次，也作为本书重点内容之一，规划具体框架及内容的探索将在第四章详细展开。

第二节 历史街道的保护更新历程

对于历史街道的保护更新历程的梳理从 20 世纪 80 年代开始，探索其发展历程、目的、手段及要素。从梳理过程中可以看出，上海历史街道环境更新的驱动可分为两种：一种是城市经济和社会发展的驱动，另一种是城市风貌保护行为的驱动。在历史街道保护尚未明确之前，也就是对于历史街道的历史风貌特征及价值还没有得到完全认识之前，上海的历史街道环境更新活动主要是由城市经济和社会发展带动的。这段时期内的历史街道环境更新活动主要由政府主导，并且与上海的经济和社会发展有着密切的联系，因此可以看到在早期更新过程中较少注意对于历史街道原有的风貌特征或者景观特色的保护或延续。随着中国历史文化保护事业的不断发展，城市风貌遗产保护对城市的建设、更新活动影响日益变大，上海市开始将城市风貌遗产保护的思想和规范深入城市建设、更新活动。因此随着时间轴的推移我们可以看到，无论是法律条例的不断细化，还是更新目的和手段的逐渐变化，保护思想越来越多地影响到历史街道环境更新。

根据不同时期的城市发展目标和更新手段，上海自改革开放以来的历史街道保护更新活动大致分为四个阶段：20 世纪 80 年代、20 世纪 90 年代、21 世纪初期和后世博时代。前两个阶段基本为更新活动，从第三阶段开始，才逐渐注重历史街道的保护与更新并重，更贴近于保护更新活动。

1. 改善城市居住环境为主的第一阶段

1986 年，国务院在批复上海的上海市城市总体规划方案时明确提出，要把上海市建设成太平洋西岸最大的经济贸易中心之一，成为经济繁荣、科技先进、文化发达、布局合理、交通便捷、信息灵敏、环境整洁的社会主义现代化城市。国家对上海的定位是改革开放时期的“重要基地”以及“开路先锋”。[1]

但是实际上，在整个 80 年代上海始终处于“后卫”的位置。在东南沿海地区率先改革开放时，上海作为国有经济重镇、工业

1. 国务院：国函 [1986]145 号（《国务院关于上海市城市总体规划方案的批复》），1986。

中心城市，只能以稳定为重，以保障我国改革开放的顺利推进。同时，在住房紧张、交通拥挤、环境污染等民生问题的限制下，“开路先锋”的定位一时亦难以付诸实践。因此至 80 年代末，上海进行了大量的解决民生问题的基础设施建设，主要街道更新活动亦是在此背景之下进行的。

（1）防汛和交通问题触发外滩大改造

在新中国成立以前，上海市区地面高程为 4.0 ～ 4.5 米，基本处于黄浦江高潮位之上，在黄浦江水高潮时候，偶尔有潮水上岸但威胁并不大。上海市作为港口而兴盛的城市，人潮涌动的码头和熙来攘往的商船是黄浦江最为繁华的景观。那时的外滩还没有筑墙的必要，因此直到 20 世纪 50 年代，外滩依旧是滩，人们可以在万国建筑群和黄浦江之间自由穿梭。

外滩大规模修筑防汛墙是从 20 世纪 50 年代中期开始。城市的建设和发展引起市区地面沉降，市区发生了多次水灾事件，上海不得不开始修筑设防工事，来应对每年汛期的海潮和台风的袭击。1959 年，从外滩筑起 1500 米的砖砌防汛墙，到 1974 年市区的防汛墙全面封闭，上海拥有了完整的防汛工程。

直到 80 年代，外滩才迎来改革开放以后第一次大规模改造。经历了 1981 年夏天的一场特大潮汛，国家计委于 1986 年同意将上海市防汛标准由百年一遇的高水位提高到千年一遇的高水位。[1]1988 年，上海市政府正式确定外滩改造方案，“当时这是关系民生的‘一号工程’，是上海‘八五期间’十大骨干工程项目之一”[2]。这次综合大改造包括三个部分——外滩防汛墙外移综合改造工程、外滩中山东一路、中山东二路道路改建工程和外滩滨江绿化带改造工程。其主要目的是解决防汛和交通两大民生问题，同时考虑了外滩作为上海标志性地段的形象。

原有的外滩防汛墙高为 5.6 米，防汛能力为“百年一遇”的标准。外滩防汛墙外移工程将原防汛墙外移 14 ～ 31 米，高度加到 6.9 米（图 3-3），使其防汛能力达到“千年一遇”的标准。随着防汛墙的外移，中山东一路也由原来的六车道拓宽至十车道，道路横断面由西向东依次为：8 米宽人行道；37 米宽（10 车道）

图 3-3　90 年代的外滩防汛墙

1. 杨天，《外滩变形记》，载《瞭望东方周刊》，2010（6）。
2. 郑健吾，《历史的功绩——记上海市外滩防汛墙外移综合改造工程》，载《上海水利》，1995(1)：16-20 页。

机动车专用道，沥青混凝土路面；13 ～ 31 米宽绿化带及人行道；15 米宽厢廊停车场的厢顶平台，供行人漫步游览。同时在北京东路、南京东路和福州路口建 3 座横穿中山东一路的人行地道。外滩防汛墙空厢顶部重新进行地砖铺装，沿江设置 32 个半弧形的观光平台、64 只宫灯和 8 座花岗石灯柱。一期、二期工程于 1993 年底左右竣工。[1]

这次防汛墙的外移改造使得外滩公共空间有了很大改变。中山东一路的拓宽，虽然解决了防汛隐患和交通问题，但使得外滩被中山东一路的繁忙车流彻底割裂。沿江是全长约 1700 米的钢筋混凝土防汛墙，阻挡了从外滩建筑群看向黄浦江的视线，从历史建筑到黄浦江不再是连贯的空间。同时防汛墙平台平均宽度仅为 15 米，很难满足人群对外滩滨水空间的活动使用需求。在 1997 年延安路高架建成后，中山东一路的交通量变得更大，并且经常出现拥堵情况。不过延安路高架桥通往中山东一路形成一个下行弯道，车辆从这个角度开下可以看见外滩建筑群壮观的美景，这个高架下匝道被称为“亚洲第一弯”。

除了改善防汛和交通问题的综合大改造，80 年代的外滩也有对街道风貌的改善措施。在上海被国务院批准为第二批国家历史文化名城的 1986 年，外滩建筑群 10 万平方米的外墙全面清洗。但是，“由于经济条件的限制，那次政府仅仅是想将外滩凌乱的部分整理美化一下”，当时参与其中的建筑师邢同和，将那次改造形容为替外滩“涂脂抹粉”。[2]

（2）治理工业污染引发的新华路改造

上海的城市环境综合整治始于 1986 年。在改革开放初期，由于布局不合理、基础设施薄弱、企业生产和污染治理技术较为落后等原因，吴淞、桃浦、吴泾、新华路、和田路等工业区污染严重。其中，新华路地区地处虹桥机场到市中心的咽喉地带，道路两侧工厂污染严重，群众要求治理的呼声强烈。

1986 年，长宁区政府环保办公室编制了治理项目计划，在市政府支持下开展整治工作。[3] 整治以污染工厂搬迁为主开展，

---

1. 郑健吾，《历史的功绩——记上海市外滩防汛墙外移综合改造工程》，载《上海水利》，1995(1)：16-20 页。
2. 杨天，《外滩变形记》，载《瞭望东方周刊》，2010（6）。
3. 沈永林，《坚持不懈，整治顽疾：上海集中力量解决历史遗留环境问题》，载《中国环境报》，2009（9）。

同时发展商业、服务业，并进行一些街道美化工作。凯旋路以东段两边人行道内侧在道路改建工程中增设多处花坛、花架、花池和雕塑景点。18 处花园住宅的围墙改建成多种风格的镂空墙（图 3-4），街道绿化和敞开庭园融为一体，部分人行道铺彩色预制混凝土板。[1]

图 3-4　新华路镂空围墙

1994 年 6 月，上海市政府召开新华地区综合整治总结大会并宣布新华路地区完成环境综合整治任务，摘去严重污染地区的帽子，之后才有了新华路现在“花园马路”的美名。

（3）以迎中华人民共和国成立 40 周年为高潮的市容整治

1989 年是中华人民共和国成立 40 周年的重要年份，上海市进行了一系列市容整治工作，主要有清理违章占路、拆除违章搭建、修整美化主要路段等。

80 年代后期，集市贸易、马路菜场、马路仓库及第三产业经商等违章占路矛盾突出，加之大量无证摊贩云集闹市，严重影响交通顺畅。1989 年，上海政府对此进行大力整治，包括清理集市路段、安排马路菜场入室经营、打通机动车、非机动车专用道等。经过治理，有效地提高了市中心区公交车辆的行车速度，改善了机动车和自行车抢道的混乱状况。[2]

在违章搭建方面，1989 年黄浦区外滩市容管理部门发出通知，要求有关单位对从外滩沿江防汛墙内外搭出的违章建筑进行自行拆除，并对拒不执行者进行强拆措施。

在 40 周年国庆到来之前，上海政府对全市主要道路的路段进行了美化活动，主要包括清洗高层建筑物的墙面、古迹周围建筑改造、商店、工厂、机关外观治理、整修人行道板、增设街头小品，改造和整修围墙等。

第一阶段，政府对历史街道的改造，主要是在对防汛、交通、环境污染等民生问题方面进行整治，同时引发了附带的历史街道环境更新活动。这一时期，也有部分树立城市形象以及早期风貌保护的政府行为，不过总体仍以解决民生问题为主，多利用的是环境污染治理、建筑清洗、清理违章占路、拆除违章搭建、街道

1. 上海市地方志办公室，《长宁区志（旧里改建）》，上海社会科学院出版社，1999。
2.《环境保护管理——1989 年市容整治概述》，载《上海文化年鉴》，上海人民出版社，1989（12）。

环境修整美化等举措，可以说对历史街道风貌起到一定的积极作用。然而由于并非有意识地将对于历史街道的保护放在与环境整治同等重要的位置，在此阶段当中，难免会出现忽略历史街道的景观风貌特征，进而产生破坏的现象。比如对于外滩中山东一路这样的重要历史街道，道路拓宽的改造手段严重影响了街道的原有历史风貌，也为城市行人活动带来诸多不便，虽然使得交通问题有所缓解，但由于并非是改善交通的唯一解和最佳解，这也为下一轮外滩的改造埋下了伏笔。

2. 改善商业和投资环境为主的第二阶段

1990 年 4 月 18 日，李鹏代表党中央和国务院在上海正式宣布开发开放浦东的决策。1992 年，党的十四大报告进一步明确提出，要“以浦东开发开放为龙头，进一步开放长江沿岸城市，尽快把上海建设成为国际经济、金融、贸易中心之一，带动长江三角洲和整个长江流域地区经济的新飞跃”。从此，上海的城市角色从改革开放的“后卫”转向“前锋”，全面走向改造、振兴的新阶段。

为实现大力推动经济发展的目标，上海的新一轮的城市建设也迅速展开。一方面，在“一个龙头，三个中心”的城市定位下，良好的商业和投资环境成为发展金融、贸易和其他现代服务的必要条件；另一方面，1992 年的“九五”计划中，旅游业被列为发展新兴第三产业序列的第一位。在“95 中国·上海黄浦旅游节‘都市旅游’国际研讨会”上，上海首次提出“发展都市旅游”的口号，而后将旅游业明确定位为都市型旅游。[1] 因此，在此期间具有代表性的南京路、延安路、淮海路和多伦路等历史街道的改造，主要围绕改善商业和投资环境、发展都市旅游展开。

在城市定位和发展方向出现了明确的新走向的同时，解决基本民生问题的街道改造还在继续。例如自 1949 年以来一直持续的爱国卫生运动，在这段时期发展出“创建国家卫生城市 / 城区”“创建市文明社区”“创建市卫生街道”等活动，对街道风貌也起到很大影响。也是在这一阶段中，1991 年颁布的《上海

1. 吴必虎，《95 中国 · 上海黄浦旅游节“都市旅游”国际研讨会纪实》，载《人文地理》，1996（1）：80 页。

市优秀近代建筑保护管理办法》以及 1997 年上海市人民政府第 53 号令对其的修正，预示城市风貌保护将逐渐展开。

（1）南京东路步行街的十年探索

南京东路在 20 世纪初就是上海租界最为繁华的商业街，20 世纪二三十年代起获得“中华第一街”的盛名。而 80 年代之后，南京东路的物质环境逐渐不能适应市场经济的发展。因此，1989—1990 年，南京东路进行了局部改建，核心目标是希望通过改善沿街立面的手段来刺激商业发展。改建方式主要有两种类型——建筑物外立面进行整修和在完整保留建筑物外壳的情况下改变内部结构。这两种手段被郑时龄院士形容为“涂脂抹粉”和“热水瓶换胆”。

1992—1994 年，南京东路步行街迎来第二次建设发展高潮。此次改建主要包括“南京东路改造十大工程”及房地产开发。由于单纯地扩大商业规模以及追求经济效益的大容量土地开发，并未彻底改变商业结构，因此在改建后并没有取得预期的经济社会效益。同时，由于上海市区其他商业街的相继再开发，南京东路商业街的地位有所下降。郑时龄院士等参与项目的专家认为，南京东路面临危险的功能性衰退问题，这一情况与其一贯的城市核心地位以及上海市对其未来发展的定位相当不符合；同时，南京东路的公共服务设施不能满足市民和游客们日益增长的物质需求和精神需求。[1]

因此，1999 年，南京东路步行街再次改造更新，其目标是保持上海市的商业在全国的领先地位、促进都市文化旅游、推动消费层次多样化。改造更新参照了国外步行商业街的建设经验，以城市设计为基本手段，以“全天候步行商业街”为改造更新目标，以法国夏氏建筑师联合事务所的“金带”构想为基础，对南京东路步行街进行动静分区、景观绿化设计、结点设计、公共服务设施设计等。设计为达到促进人的活动的目的，还对人群进行了“活动意愿调查”。调查采访了人群的活动目的、室外活动意愿、希望改善的设施与活动等项目，并将分析结果运用到设计之中。设计通过“金带”的概念对步行街进行动静分区，金带内为静态休息区，外为步行流动区，并且通过金带串联起数个

---

1. 郑时龄、齐慧峰、王伟强，《城市空间功能的提升与拓展——南京东路步行街改造背景研究》，载《城市规划汇刊》，2000(1)：13-18 页。

图 3-5　人行道铺装

景观空间结点。设计消除了步行街路面高差，将其改造为同一高度以最大限度地发挥步行街的性质。街道的不同功能空间通过地面铺装来分界：金带部分地面采用红色的花岗岩石板；步行流动区地面铺设暖灰色的花岗岩石板（图 3-5）；为保证步行街的连贯性，南京东路与南北向道路形成交叉口多数禁止通行机动车辆，允许通行车辆的路口也采用花岗石作为铺地，并且将其标高设置与步行街相同（图 3-6 ），以这种方式来提醒过往车辆注意行人，减速慢行。[1] 绿化设计主要由四个层次组成，即作为标志物的大树、“金带”上的绿树、“金带”上的花坛以及重要结点的绿化（图 3-7）。

图 3-6　可通行车辆路口铺地

改造更新后的南京东路步行街成功延续了“中华商业第一街”的美名，成为上海最著名的景点和最繁华的商业中心，实现了改造前提出的推动商业和消费、促进旅游的目标。南京东路步行街作为历史街道的同时，也是上海最为重要的商业中心。这次更新虽然对南京东路步行街的街道环境采取了一些与历史风貌有较大差异的改造手段，但带来的熙来攘往热闹非凡的街道景象原本即是南京东路步行街的历史形象。这样的改造选择是符合时代对于商业街的需求变化的，也是相对合理的。

图 3-7　“金带”上的绿化

（2）延安路高架的修建

在上海城市建设大发展期间，许多历史街道都由于改善城市交通的需求而被改造、拓宽，其中最为突出的案例就是延安路高架。到 20 世纪 80 代，交通问题已经成为制约上海经济社会发展和改革开放的主要矛盾之一。1990 年 12 月，上海市建委批准了内环线高架道路规划方案。在研究、规划、调整过程中，南北高架和延安路高架建设规划也先后被提出，形成上海“申”字形城市快速路的蓝图。延安路与虹桥国际机场和沪青平一级公路相连，是上海对外交通的主要轴线。

延安东路本为黄浦江的一条支流洋泾浜。1849 年法租界设立，洋泾浜成为英、法租界的界限。1915 年填平洋泾浜，又并入两岸原有的小马路，成为全上海最宽阔的马路，定名为爱多亚路（Avenue Edward VII）。1945 年，国民政府收回租界后把道

---

1. 郑时龄、王伟强，《“以人为本”的设计——上海南京东路步行街城市设计的探索》，载《时代建筑》，1999(2)：46-50 页。

路易名为中正东路，后又更名为延安路。和延安东路一样，延安中路原来也是一条小河浜，在 1899 年和 1914 年上海公共租界和上海法租界分别向西扩展以后，成为两租界的界限。1920 年填筑成马路，以法国将领福煦的名称命名为福煦路（Avenue Foch）。延安西路是 1910 年上海公共租界工部局填柴兴浜筑长浜路，同年又在公共租界以西修筑的越界筑路，1922 年定名为大西路（Great Western Road）。延安路沿线的历史建筑有亚细亚大楼、华商纱布交易所、中汇银行、上海音乐厅、中共二大会址旧址、私立中德医院、嘉道理公馆、模范邨、宏恩医院、孙科住宅，等等，作为一条在上海历史中重要的分界道路，延安路充分体现了分界道路所具有的历史特性。

由于延安路是连接上海市区东西向的重要交通道路，在多年间不断被拓宽，至 1985 年部分已拓宽至 40 米。1995 年起，上海市开始在延安东路、中路、西路上架设高架道路，1999 年 9 月 15 日全线建成通车。延安路高架为双向 6 车道，高架路幅宽 25.5 米，延安路地面为双向 6 ～ 8 车道，路幅宽 50 ～ 71 米。延安路高架的建成，大大加强了浦东新区与虹桥国际机场、西部国道的联系，这对浦东开发开放、改善投资环境具有很大的意义。同时，延安路高架也对上海市虹桥经济技术开发区、古北新区等商贸区的发展起到巨大推动作用。

然而，延安路高架彻底改变了延安路东、中、西三段的风貌。比如坐落在延安东路、河南中路路口的华商纱布交易所旧址，与延安路高架东段“擦肩而过”，高架与历史建筑之间几乎没有距离（图 3-8 ）。上海音乐厅建于 1930 年，坐落在延安中路、龙门路口的交通要道，自 1997 年 11 月延安路高架路东段工程建成通车之后，此处车辆川流不息。上海音乐厅临街而立，高架道路往来的车辆震动对老建筑的保存非常不利，所产生的噪声更影响了上海音乐厅的正常演出效果。2002 年，上海市政府出资 6000 万元，对上海音乐厅进行保护性迁移和功能完善性修缮，于 2003 年 6 月 17 日音乐厅成功向东南方向移动了 66.46 米，转向 180°，并抬高 3.38 米（图 3-9）。[1] 作为道路更新中对于历史街道的风貌、尺度、特征改变最大的案例，延安路的改造可以说是一种特例，这与当时延安路高架作为上海“申”字高架的重要

---

1. 姜开城，《阿卡多 上海音乐厅 延安路高架》，载《城市道桥与防洪》，2011(9)：282-283 页。

图 3-8　华商纱布交易所旧址

图 3-9　上海音乐厅迁移过程

组成部分，被认为是推动社会经济发展的命脉有很大的关系。在城市发展起决定作用的事件中，对于历史风貌的保护作为让步的一方，能够做到的便是尽力减少破坏力的影响。这也是该阶段极具代表性的一个特征。

（3）以“高雅”为题的淮海中路

淮海中路原名霞飞路，始筑于光绪二十七年（1901）。20 世纪 20 年代，沿路两侧开始出现时装店、洋货店、食品店、珠宝店等。淮海中路从筑路初起，就具有商业档次较高、文化气息浓厚、建筑风貌上佳等要素，使得淮海中路商业街形成了区别于其他商业街的“高雅”特色。

20 世纪 90 年代初，全长 2.2 公里的淮海中路商业街，总商业面积只有 2 万平方米，但却拥有 100 多家店铺。商店的面积小，门面窄，进深浅，商业的老化、单一化，不能满足不断发展的商业需求，淮海中路的原有风采也日趋淡化，这一点与 90 年代末南京东路所面临的问题有几分相似。当时的卢湾区委、区政府意识到若不进行更新与改造，淮海中路将逐渐衰落。因此，随着地铁一号线的方案确立，为重振淮海路雄风，1992 年卢湾区展开了一场“淮海路战役”，对已有商业街进行优化调整和挖潜改造。

与南京东路步行街“繁华”的定位不同，为延续了淮海路历史上的特色，政协将商业街特征明确定位为“高雅”。因此，在商业改造的初期就对历史文脉有所考虑，没有发生反复拆建的“大手术”。当时的研究报告《卢湾区淮海中路地区经济社会发展规划研究》中提出了改造更新中的旧城保护问题，淮海中路改造从一开始就顾及保护和循序渐进：东段多数是旧式里弄，结构陈旧、设施简陋，不适应商业的发展，就实施“成街坊”改造；中段有拆有建，市里明确的保护建筑不动；西段路经思南路和茂名南路两个优秀建筑风貌保护区，该地段建筑较好，规划中采用在保留现有建筑风貌的前提下，对部分建筑进行翻建的原则，城市设计时充分注意新旧建筑的和谐与协调。[1]

19 世纪 20 年代起，法租界地区在人行道两侧种植了一种从法国巴黎引进的悬铃木树种，因为其遍植法租界，于是本地人常称其为法国梧桐。和其他法租界街道一样，这种高大的行道树是淮海中路重要的景观特征。在街道更新过程中，卢湾区政府补足了道路两侧的法国梧桐，保持了淮海中路在商业街道中具有独特风貌的道路断面。在新建建筑路段，如陕西南路路口附近永新大厦和淮茂绿地相对的位置，虽然道路两侧界面与历史建筑路段差异很大，但由于法国梧桐带来的连续性，使街道意象并没有突兀的变化，保持了整条街道一体的风貌。

1998 年，在对淮海路上 314 幢建筑外墙进行清污修饰的同时，卢湾区规划局又制订了《淮海中路商店店面建筑管理规定》，对陕西南路以东沿路商店店面、招牌和广告牌进行规范与清理。这是上海较早对于沿街的商业店面店招做出指导和规定的实例，对于淮海路商业街展现历史风貌、提升街道品质起到很大的帮助。现今淮海中路以历史建筑作为商铺的地段，例如思南路至茂名南路部分，店招店牌大多与历史建筑的立面构图保持一致，可以很好地协调街道历史风貌。

（4）“文化名人街”多伦路

作为山阴路地区越界筑路形成的一条道路，多伦路由于当时沿街地块分块出售开发，形成建筑类型多样、功能用途混杂的特有风貌。同时，由于地处半租界地区，又成为近代许多革命先烈活动的重要区域，沿线名人故居众多，是区域内重要的历史街道。

但自 20 世纪 50 年代起，多伦路逐渐成为一个马路菜场，街道两侧的历史建筑由于年久失修变得破败不堪，“脏、乱、差”使多伦路昔日的文化氛围日益衰落。20 世纪 90 年代初，虹口区

---

1. 刘本端，《让高雅、繁华洒向淮海路》，载《上海建设科技》，1994(1)：7-8 页。

认识到，独特的历史文化资源价值十分珍贵，如不及时进行保护，一旦破坏了就无法弥补。于是提出建设以鲁迅公园为轴心的“雅文化圈”构想，但其重点尚在鲁迅公园和山阴路沿线。此后，由于四川北路在上海全市中的商业地位的不断下降，虹口区期望通过多伦路的文化产业的发展来为四川北路集聚人气，期望产生文化和商业互动的效应，并于 90 年代中期，完成地区性的规划。

1998 年，虹口区明确提出把多伦路改建为“文化名人街”，其目的是“成为怀旧休闲、旅游观光、文化消费的好去处”。[1] 从 1998 年年底开始，虹口区政府对多伦路进行了半年时间的整治。两个主要措施是迁走原先的菜市场和修葺街道两侧破败不堪的建筑，于 1999 年 10 月完成一期工程，举行开街仪式。“多伦路文化名人街”项目被虹口区作为当年的“抢救文化遗产、保护故居遗址”标志性文化工程，其初衷仍是促进消费、推动旅游，通过打“文化”牌提升四川北路地区的人气，以促进商业活动。一期改造后，问题便显露无遗：餐饮休闲业态容易产生噪声、气味等，引发周边居民投诉；周边缺乏停车场等公共配套设施；最后只剩文博业因为对居民影响较小而留了下来。

2002 年，多伦路文化名人街管委会邀请同济大学、西班牙马西亚设计公司、日本日建设计公司共同对多伦路二期改造进行方案设计，编写修建性详细规划。这轮规划计划将多伦路文化街周围的棚户区拆除，打造 48 万建筑体量的商业综合体，并在地下规划 2000 个停车位。规划虽然提出风貌保护策略“保护地区内的文物建筑和优秀历史建筑，保留对延续地区历史风貌有价值的历史建筑及建筑符号，使原有历史风貌和更新建筑肌理保持协调”，但其本质实为开发性改造，目的是吸引市民与中外游客的商业购物、文化休闲与旅游观光。规划将建筑分为基本保留、在原有条件上改造和规划新建三种。在多伦路与四川北路之间有永安里、丰乐里、丰乐南里和志安坊等一大片里弄建筑，规划认为这些里弄的结构条件与居住条件普遍较差，为了使步行休闲区能很好地与四川北路联系，要求拆除此处部分里弄建筑。这个规划将很大地改变区域的空间格局骨架，破坏多伦路地区的风貌形象。方案完成后，虹口区接到上海“双增双减”政策，要求增加公共

---

1. 孙施文、董轶群，《偏离与错置——上海多伦路文化休闲步行街的规划评论》，载《城市规划》，2008(12)：68-78 页。

面积与绿地面积，减少容积率和城市高度。48 万平方米综合体的面积一下子应要求减少了 10 万平方米，投资方认为无法满足投资回报需求而作罢，多伦路二期工程由此搁置，多伦路的街区格局因此得以保存至今。

图 3-10　名人雕塑

之后数年期间，虹口区对多伦路进行了一系列街道环境更新，如设置名人雕塑（图 3-10）、修葺特色围墙、更新绿化等等。2011 年，多伦路完成了再一次的整体环境改造，以“修旧如旧”的原则修复老建筑外立面，路面恢复成老上海弹格路（图 3-11）。如今多伦路的街道整体环境质量较高，但是十分冷清。街区内部除了事业单位和住宅外，有部分休闲茶座，大量店面为文博古玩商店。

图 3-11　弹格路面

第二阶段，在 20 世纪 90 年代浦东开发带动的经济建设大潮下，上海的不少历史名街为促进商业、投资、旅游，进行了改造和美化，除上述街道之外还有雁荡路、衡山路，等等。南京东路步行街和淮海中路商业街的改造更新是以推动旅游和刺激商业为直接目的，以满足商业街活动人群的各类需求为基础，其对于历史街道的风貌保护加以兼顾，但并非直接目的。

多伦路休闲步行街后被评价为“上海第一个以保护为目的，加上商业休闲设施进行开发的地区”，但其最初目的仍是希望以“文化”“旅游”促进商业，所使用的方式也是“文化名人街”的打造，并且对于历史环境的保护和留存与其当时大规模开发的规划未能实现有很大关系，也就不可避免地在之后出现由于缺乏整区域的考虑，街道环境整治对于区域振兴带动不大的问题。因此，并不能将其认定为历史街道保护更新的标志性文化遗产工程，但在之后以历史环境保护为指向的一系列保护更新活动中，可以看出当时具有代表性的环境整治手法和方式。作为该阶段的典范，多伦路的环境综合整治还推动了上海的特色化道路建设，并于 2001 年起在全市推行。2002 年，作为特色化道路建设的成果总结，上海由市市容环卫局评出全市 11 条市容环境特色街，其中除多伦路文化名人街以外，历史街道还包括华山路—常熟路旅游风情街、新华路欧陆风情休闲街、溧阳路雅文化街等，从街道名称和主管单位可以明显看出当时历史街道更新的明显特征——在目的上以吸引旅游和招商引资为主。

与 20 世纪 80 年代相比，90 年代的街道更新规模更大，更具有系统性和持续性，大多都为多次整治和分期建设，而非“兵来将挡，水来土掩”的临时作战。

3. 树立国际大都市形象的第三阶段

2001 年 4 月 18 日，时任国务院总理朱镕基在上海考察工作时指出，“上海在向新世纪的宏伟目标迈进中，要全面提升城市综合竞争力，加快把上海建设成为现代化国际大都市”。2001 年 5 月国务院正式批复《上海市城市总体规划（1999 年—2020 年）》，明确提出“要把上海建设成为现代化国际大都市和国际经济、金融、贸易、航运中心之一”，翻开了上海城市建设发展新的一页。

以 1990 年开发浦东为契机，90 年代以来上海逐步从传统的工商业城市转向国际经济中心城市，城市综合实力显著提升，因此在 21 世纪接连迎来多项国际盛事。为树立上海国际大都市的崭新形象，APEC 会议、特奥会、女足世界杯、世界游泳锦标赛、国际马拉松等大事件引发一系列城市美化活动。历史街道由于其传统地位与独特风貌，成为上海展示形象的重点之一。以迎 2010 年世博会为高潮，以美化为目的的环境更新在历史街道上频繁展开。同时，由于收入水平的提高，市民对城市品质地要求也在不断提高，也推动了上海的城市建设和历史街道环境更新。

自上海政府 2002 年颁布《上海市历史文化风貌区和优秀历史建筑保护条例》，各个风貌区先后制订了保护规划；2007 年《关于本市风貌保护道路（街巷）规划管理若干意见》发布之后，上海正式开展了对历史街道保护活动的探索，历史街道风貌保护的要求也不断提高。

在重大城市事件和风貌保护的双重推动下，上海历史街道在 21 世纪初期进行了大量改造更新。民生和经济的影响因素仍在继续，但此期间的街道活动反映了上海对于自身国际大都市形象的重视，也预示着城市风貌在城市竞争中的地位将越来越重要。

1）迎 2001 年 APEC，整治全市店招店牌

2000 年，借着 2001 年 APEC 会议在上海举行的契机，政府大力推动环境和景观建设，实施《关于开展户外广告和招牌设施市容整治工作的意见》（下文简称《意见》），在全市范围内开展大规模的户外广告和招牌设施的清理整顿活动。上海希望 APEC 会议的机会充分展示中国改革开放成果和上海国际大都市风貌，同时美化市容环境，促进户外广告业的健康发展。对于组织和分工，特成立市户外广告和招牌设施市容整治领导小组，由

当时的副市长韩正、周禹鹏担任组长，参与部门包括市建委、市政府法制办、市市容环卫局、市工商局、市规划局、市空港办、市公安局、市绿化局、市市政局等。

清理整顿的重点对象是 APEC 会议涉及的重点路段和区域内设置的户外广告和招牌设施，并列出 49 个重点路段和 10 个重点区域，涉及的历史街道包括南京东路、南京西路、九江路、福州路、复兴东路、金陵东路、北京路、西藏中路、衡山路、宝庆路、华山路、陕西北路、淮海中路、华山路、常熟路、新华路、虹桥路、江苏路、茂名南路、瑞金一路、石门一路、石门二路、长乐路、溧阳路等，占整顿路段的 50% 以上。

《意见》提出户外广告和招牌设施的整顿要求：户外广告和招牌设施应做到无陈旧破损，内容无空白，结构无空板，铁架无锈蚀，油漆无剥落；不得利用行道树或者损毁绿地；不得损害市容景观。另外，还针对四类设置在不同位置的店招店牌，提出不同的整顿建议，四类分别为：设置在建筑物顶部的户外广告和招牌设施、设置在建筑物立面上的户外广告和招牌设施、设置在地面上的户外广告和招牌设施和临时广告。

此次行动可以称为上海第一次覆盖全市的、系统的整治店招店牌。但是，由于是主要针对大型城市事件 APEC 的整治活动，具有一定应急性和临时性，清理整顿的意见大多比较概况抽象，缺乏直接指导性。如“在同一视角内，设置在建筑物顶部的户外广告和招牌设施相互间应协调；垂直于建筑物立面的，其外缘挑出距离、规格大小应与周边环境相协调”，并未给以具体的尺寸、颜色、风格指导，难以有效控制整顿效果。

2）2003—2010 年迎世博街道整治

2002 年 12 月，在摩洛哥国际展览局第 132 次成员国代表大会上，上海获得 2010 年世界博览会的主办权。在 2003—2010 年，上海为了成功举办以“城市，让生活更美好”为主题的世博会，做出大量城市建设和街道美化的行动。期间的上海市政府有关街道整治的主要行动包括：

（1）2006—2007 年创建市容环境示范区域、规范区域、达标区域（简称“三类区域”）；

（2）2008—2010 年“迎世博，加强市容环境建设和管理 600 天行动”；

（3）2008 年上海市街道（镇）落实市容环境卫生责任区管

理达标活动；

（4）2009 年加强街道、镇市容环境卫生管理工作；

（5）2009 年城市形象改观工程；

（6）2010 年开展市容环境综合管理示范街道（镇）推选工作。

这些行动的主导单位包括上海市人民政府办公厅、上海市绿化和市容管理局、市迎世博 600 天行动城市管理指挥部办公室、上海市市容环境综合建设和管理工作联席会议办公室等。

同时，各区根据市政府的主要文件和指令，根据各自特色进行了部分历史街道的美化更新工作。例如，虹口区溧阳路绿化工程和名人墙修缮改建、溧阳路 48 栋小洋房外立面修复和花园整治改造、山阴路景观整治改建工程、甜爱路改造工程，卢湾区淮海中路的景观改造工程、雁荡路步行街道路整修和路面整治、思南路 47 与 48 街坊保护整治，黄浦区外滩滨水区综合改造，徐汇区衡山路历史风貌改造、永康路改造，长宁区新华路路面绿化整治工程，杨浦区长海路历史风貌保护区的整治，静安区愚园路历史风貌保护区改造，等等。

溧阳路北侧围墙被修缮为“名人墙”，分为“虹口文化名人名言录”和“革命文化遗址遗迹”。前者包括鲁迅、郭沫若、茅盾、叶圣陶等文化名人，每人各有 2 幅浮雕，一幅是头像加上经典语句，相邻的另一幅则是他们位于虹口区的故居浮雕，并配有具体的地址。“革命文化遗址遗迹”的内容包括秋瑾等烈士的头像、生平、故居，“左联”成立大会旧址、中共四大遗址等革命遗址的浮雕和历史简介等。溧阳路 48 栋小洋房外立面及部分围墙都被重新粉刷为原红灰相间的样式。

山阴路修缮了保护建筑的外立面，新增 12 处绿化景点，增加绿化面积 1000 余平方米，开辟专供市民休憩的小型休闲空间。人行道也重新铺设，用防滑、吸水、耐压的新型人行道砖替代原先的水泥方板。

雁荡路路面整治重新铺设了加厚的路面砖，厚度由以前的 1 厘米增加到 1.8 厘米，形状也由原来的 10 厘米 ×10 厘米的小正方形变成了 10 厘米 ×20 厘米的长方形。由于与道路两旁的建筑物的色调大都是淡黄色或咖啡色，路面采用淡黄色小长方形地砖和长条咖啡色地砖进行镶边，以使新地砖外观与周边建筑协调。雁荡路铺设的特制路面砖，在提高道路平整度同时也增加了道路面层强度，能避免车辆频繁经过后造成的凹凸不平。

新华路开展了沿线公共绿地改造工程，其中包含绿地 8927

平方米，行道树 359 株。此次工程更新了树坑，采用透水地坪进行制作；在保留原有青铜、广玉兰、香樟、雪松等骨架乔木的基础上，增加开花植物；人行道内侧的绿化带采用马赛克花台（图 3-12）。

图 3-12　新华路马赛克花台和绿化带

在此类行动中，仍是以环境整治为主导，但开始对街道的历史特征重视，并以虹口区为代表，开始对于历史街道的人文特征或者区域的人文特征予以重视，以往手法雷同的更新方式开始有所缓和。

3） 外滩滨水区再次综合改造

随着城市的发展，20 世纪 80 年代的外滩综合大改造带来的各种问题日益凸显：交通拥堵、公共活动空间局促、城市快速机动交通占据滨水空间、防汛墙对行人视线的隔绝，等等。一方面，高高的防汛墙和川流不息的车辆将外滩建筑与黄浦江隔绝，在城市空间品质上不能满足市民的使用需求；另一方面，作为上海最为著名的地标，交通繁忙的外滩也不符合上海国际大都市门户形象。

图 3-13　亲水栏杆

2007 年 8 月，借 2010 年上海世博会的契机，上海市政府启动了新一轮的“外滩综合改造工程”，由外滩通道建设、滨水区改造、截渗墙改造、排水系统改造、公交枢纽和地下共建开发等 6 大工程项目，对外滩实施一体化、全方位的系统改造，并确立其 50 年不变的风貌。[1]

工程将地面原有的双向 10 车道减为 4 条机动车道和 2 条备用车道，在地下建一条双层 6 车道的快速通道。由此，外滩空间从原本繁忙的交通功能中解放出来，归还给城市作为滨水公共空间。为加强城市与滨水区之间的联系，将全长约 1700 米的防洪墙全部拆除，以亲水栏杆取代（图 3-13）。同时在原先街道（3.5 米标高）和防汛空厢平台（6.9 米标高）之间设置了一个标高为 4.7 米的中间层，缓解由于防汛高差给城市空间和黄浦江滨水空间带来的割裂感，也丰富了滨水空间系统。[2]

沿江侧还设置了四大广场，每个广场作为一个结点，对铺地、街具、雕塑、绿化等环境要素进行整体设计，例如庆典广场设置的绿化墙、金融广场的牛雕塑等。外滩此次改造还将外线历史建

1.《重塑城市公共客厅 上海外滩滨水区综合改造工程》，载《风景园林》，2010(6)：60-65 页。
2. 吴威、奚文沁、奚东帆，《让空间回归市民——上海外滩滨水区景观改造设计》，载《中国园林》，2011(7)：22-25 页。

筑前街道范围从改造前的 2.5 ～ 9m 拓宽到 10 ～ 15m，使得人们在感受外滩历史建筑时能够获得更大的空间。同时，在外滩历史建筑前的人行道上沿线布置了一条连贯的设施带，将城市指示牌、城市家具以及绿化和路灯等街道设施都放置其中，保证设施和步行空间的有序性。外滩改造后，公共活动空间增加 40%。

此次改造后的外滩，为 2010 年上海世博会期间到访的大量国内外游客展示了作为“城市客厅”的形象。外滩从原本以滨水空间为特征，自 20 世纪 80 年代改造成为交通空间为主的状态，又一次回归了城市滨水空间。

这次改造在风貌保护方面的重大意义主要来自对于历史空间以及历史尺度的保护及尊重。外滩自形成以来的多轮改造中，最初的 20 世纪二三十年代，工部局多次援引建筑前 150 英尺（46 米）永久性空地的条款，对于沿外滩建筑加以不同比例的高度放宽，但基本控制在原定高度的 50% 以内，塑造出今天富有魅力的外滩沿江建筑界面，也体现了制度实施过程中，保留适度弹性的重要性。1949 年后，外滩建筑的风貌基本保持不变，而其前方的中山北一路的宽度屡屡加宽。20 世纪 90 年代初，外滩沿江岸线的改造更使得沿江步行体系和外滩建筑街墙间的视角发生了根本性的改变。改造在解决过境交通这一困扰外滩地区发展问题的同时，将外滩沿江步行人群与外滩建筑群的空间关系恢复到历史上的比例，从而为如何处理历史街道风貌提供了一个积极的案例。

第三阶段，随着国际大都市形象的明确，上海对于自身城市特征的关注也逐渐从金融、贸易等“硬实力”领域的扩展到历史、文化等“软实力”领域。国际上具有影响力的大都市，无一不是具有独特的城市文化特征。为深入挖掘城市品质的潜力点，历史街道的保护从临时性、应急性的“美化工程”到支持城市经济发展，走向了系统的、持续的、具有日常管理性的保护制度的建立。

4. 持续探索的第四阶段

上海历史街道环境更新活动近四十年来的历程与中国改革开放至今的时间基本对应，也从一个侧面反映了上海作为中国门户城市的发展走向。随着城市发展模式从增量为主到存量为主的转变，历史街道的更新目标从环境整治转向长效管理与近期整治相结合。因此在这一阶段，开始探索在原有的系统基础上，如何通过行动的转换以适应新的发展要求。这一部分以徐汇区风貌保护道路规划以及武康路风貌保护道路保护规划（城市设计及修建性详细规划）为例，说明探索的主要路径和阶段成果。

（1）武康路历史街道保护的探索

从时间线来看，武康路的道路整治工作其实是建立在第三阶段迎世博街道整治行动中的，但是在其过程当中，已经认识到的遗产保护要求的提高以及发展需求的转变，将工作目标设定为近期整治指导与长期规划管理相结合。于是，武康路的保护性整治工作，成为在近期整治的基础上，对于长效规划和管理的平台建立方式方法的一次探索，也成为接下来徐汇区的风貌保护道路规划编制方法探索的有益基础。

2007—2010 年，武康路保护性整治经历了前期研究、规划编制、整治设计和实施的一整套系统性的过程，在徐汇区政府和专家团队的合作下，根据街道的历史、特征和现状“量身定制”了保护方针。在规划中，对 12 类风貌要素提出规划控制要求，将其规定具体反映在平面图则和立面图则上，为武康路风貌保护的精细化管理搭建了工作平台，建立了长效管理机制。同时，该保护规划的最后一个部分为“近期整治内容、项目及设计方案”，为武康路综合整治工程提供了设计引导和实施基础，也因此形成武康路的风貌保护道路规划的模式——既是长效规划管理的平台，将规划、房管、市容和市政等各个相关管理部门协同管理的内容纳入规划文件；也是近期政治实施工作的指导性技术文件，从规划设计角度提出了政府牵头的以项目清单形式反映的近期整治实施内容。

该规划提出的 12 类风貌要素包括街道空间、建筑、围墙和院落入口、绿化、铺地、材质和色彩、交通、外露的市政管线和设备、商业业态和店面、广告牌、告示牌和各类铭牌、照明、街具和公共艺术设施。这些风貌要素在过去的历史街道美化更新中几乎都涉及过，但武康路风貌保护道路保护规划是首次全面地列出历史街道的风貌要素并编写规划控制的具体内容、控制思路和控制办法，并且通过平面图则和立面图则表达具体的描述和指导。除了沿用常规的历史建筑保护思路外，规划中还主要运用了四个方面的城市设计理念：“街道空间结点一沿线小型开放空间 / 半开放公共空间一地块内部庭院”的街道空间改造、材质和色彩的控制思路、重要风貌要素再利用的设计引导和“总规划师”模式。在武康路综合整治工程的实施过程中，这些城市设计理念首次得以实现。整治项目由总规划师，通过各个相关管理部门的联席会议模式确保整治实施与规划合理衔接，确保整治实施各个进展环节遵守规划提出的设计要求。

与众多历史街道保护规划相比，《武康路风貌保护道路保护规划》首次系统地对历史街道的各项风貌要素提出控制规定，在控制的基础上提出设计引导，是历史街道环境更新从粗放走向精细化、从应急性措施走向长效管理的里程碑。

（2）徐汇区风貌保护道路规划的探索

武康路作为徐汇区历史街道保护的创新试点，获得社会的好评，被评为 2011 年第三届中国历史文化名街，是上海市继多伦路之后第二条获得此荣誉的历史街道。在武康路成功经验的基础之上，徐汇区利用 2010—2013 年三年的时间，对上海衡山路—复兴路历史文化风貌区内徐汇区部分的所有街道进行全面的保护规划编制工作。作为区域性的对于历史街道的保护更新平台的构建，相较于单条道路，能够更好地从城市整体空间中关注历史街区与历史街道构成空间的风貌特征与特质，也能够更好地将历史街道作为区域振兴的重要载体和抓手。因此，从体系的衔接、近远期的结合、多部门的协同管理、城市的精细化治理等方面，《徐汇区风貌保护道路规划》的探索可以说是上海市历史街区和历史街道保护形成系统化的规划和管理模式做出了第一步突破，标志着上海的城市风貌保护翻开了新的一页。具体框架研究及组成内容详见第四章，此处不再展开。

第四阶段的探索仍在进行中，上海从增量发展到存量发展的模式转变已经确定，作为城市中最具有文化特色的历史空间，也是存量发展中地区振兴的重点。那么对于更新背景下，长效和精细化管理的支撑平台，其建立方式和组成内容还并没有被固化，仍旧需要根据历史空间的发展需求持续探索。

第四章

历史街道的精细化规划和管理

历史街道作为历史遗产体系中的一个层次，保护更新的对象及其范围并不如区域或者单体建筑那样明确且具体，对其规划和管理探索的意义在于，历史街道是对于历史区域的整体空间及风貌感受最为直接和强烈的载体，也是展现空间品质的最直接的抓手。因此其空间构成、功能状况、细节品质对于整个历史区域的保护及振兴有着重要的作用。同时，由于历史街道的规划和管理涉及要素多，合作部门广，各种需要管理的状况变化快，具有不同于区域或者单体建筑的精细化以及长效性需求。因此，对于规划和管理框架及方式的探索过程其实是以振兴区域为目标，以精细化、长效性需求为导向的。

最终框架的建立是以对历史街道的大量基础研究为前提的，结合现实状况中所遇到的各种问题，概括并汇总解决问题或者提升空间品质所需要推进的工作的实际需求，形成“总一分一平台”的成果形式。

第一节　规划探索的背景

对于上海历史遗产保护的三个层次，《上海市历史文化风貌区和优秀历史建筑保护条例》和《上海市历史文化风貌区保护规划》两份文件为历史文化风貌区（面）和优秀历史建筑（点）两个层面的保护工作提供了比较完备的法规依据。针对风貌保护道路在规划和管理依据方面的缺失，2007 年批准的《关于本市风貌保护道路（街巷）规划管理的若干意见》提出，所有风貌保护道路（街巷）都要编制保护规划——依据所在历史文化风貌区保护规划编制修建性详细规划层面的“风貌保护道路（街巷）的保护规划”，完善上海“点－线－面”保护规划管理体系是探索历史街道保护规划的编制内容、成果方式、管理方式方法的基本背景。

1. 从量的控制到质的提升

2005 年批准的 12 个中心城区历史文化风貌区的《上海市历史文化风貌区保护规划》，将建设项目和保护规划的各类规划控制要素和控制指标表达在同一个控制性详细规划管理文件上，使风貌区内的保护规划和建设规划合二为一，确保在规划管理机制上将保护规划真正“落地”。针对在日常规划管理中如何有效执行“保护”目的，风貌保护规划主要通过“街坊规划控制图则”的形式对每一地块的建筑密度、建筑沿街高度与尺度、建筑后退红线、街道空间等制订详尽的数据规定。这对于新的建设行为是极其有效的，杜绝了今后在风貌区内出现破坏城市空间肌理的高层或大体量建筑的情况，可以说在“量”的层面实现了有效控制。但从“质”的角度看，尤其在历史街道沿线，在少有拆除重建类项目（而且大多是成熟街坊内的一个地块）的情况下，控规层面的保护规划在小尺度层面的“品质”控制作用明显不足。

也是在这一状况下，上海风貌区保护规划在控制性规划基础上进一步提出风貌保护道路概念，强调历史街道是体验历史文化风貌区的最重要载体，意图把后续的规划管理重心向历史街道转移，以历史街道为单元进行详细的保护规划并加强管理，从而实现历史街区精细化规划管理。如何推进历史街道的保护更新和管理工作，是有机更新这一背景下规划及管理从量的控制到质的提升的重要一步。从规划管理角度而言，由“拆改留”和建设项目指标控制到“留改拆”和精细化管理的发展势在必行。

2. 长效的精细化管理指南

仍处于转型阶段的上海历史街区，所面临的各种状况层出不穷、变化繁多。比如，历史原因造成的不合理使用，建筑普遍存在的持续破败问题，居民不合理不合法的自发加建；各色店面从小资情调和舶来文化到专供违章搭建的五金建材店，而大多店面连基本的许可手续都没有；老房子买卖所吸引的各种中介，夹杂着已经易主的改造一新的老房子，与相邻地块形成强烈反差；甚至还包括政府部门进行的各类采用统一形式的专项整治。面对这类诸多状况，各种需要管理的“小动作”都是风貌区保护规划中不可能做详细规定的内容。因此，历史街道的保护规划框架的建构，需要针对所有可见的物质要素，对常规的控制性详细规划和修建性详细规划中不做详细规定的内容，提出具体的有可操作性的规划控制要求和设计引导，以达到规划管理的目的。

与以往上海和国内其他城市出现的“某街道的规划设计”不同，针对历史街道的保护规划及管理体系的建构所关注的绝不是以美化运动为目标，也不仅仅是针对一次整治工程的实施设计方案，而是针对历史街区内出现的各种需要整治、管理、引导的“小动作”的长期有效的规划管理。不仅要对近期由政府主导的，针对街道公共空间的整治项目有引导和控制作用，还要覆盖今后沿线建筑和设施等各类小规模建设行为的规划管理。不仅要有利于风貌保存较好的历史街道开展“原汁原味”的保护规划的编制，而且对于沿街环境景观的保护和整治以及各项建筑、市政工程建设也要有重要的规范和引导意义，从而更加有效地对历史街道的人文景观和城市历史脉络进行规划保护和管理，并对今后相关工作的开展起到积极的应用价值。

因此，该规划管理体系应该成为政府部门对于历史街区长效精细化管理的平台，并且是规划、市政、市容、绿化等相关部门协同管理的统一平台，能够为政府主导的近期综合整治工程提供直接指导和控制，还能够为历史街区的长期可持续发展提供配套的精细化管理指南。

3. 有机更新背景下的整体区域振兴

对完全城市化的中心城历史文化风貌区而言，其发展目标不再是大面积的扩张或者对于破败区域的重建，而更多的是继续保持经济文化方面的领先优势，或者复兴原本所具有的领先优势。因此，其发展过程所采取的必定不可能是大规模新建的发展模式，也不可能是针对衰败区域改造的以大拆大建为主的发展模式。而是在现有的资源上挖掘发展的潜力，找到提升城市品质和能级的发展空间，通过保护和更新兼顾的新模式，达到区域整体振兴的目标。

在这一背景下，历史区域的整体振兴大多是通过城市能级的提升、空间结构的优化、生活方式的转变来实现的，这就需要在没有实体大规模改变的情况下，通过功能的提升、空间结构的调整、生活便利程度的提高、公共设施布局和数量的优化来达到振兴目的，在生活方式满足当代需要的同时，提高整体空间品质。而一系列动作的行动抓手其实是在道路层面的。概括来说，以街道为单位，梳理风貌区内所有道路形成的社区、邻里、不同片区等结构，明确各条道路在风貌区振兴中应当担当的角色，对应这种结构思路，对道路沿线的公共性功能进行必要的梳理、规划引导、公共投入和管理提升，结构性的优化才可能逐步实现。因此，历史道路的精细化规划及管理问题，其实应当以区域的整体振兴为导向，相关措施或管理办法一旦能够启动风貌区朝向良性演变的振兴轨迹，那么，对于街道以及整体街区或区域的精细化规划管理才有可能真正的实施，并且不断完善。

第二节 规划的定位与要素的确定

1. 定位与作用

根据针对历史街道的规划和管理的背景和需求，其规划管理过程中要解决以下三方面的内容：

一是整体“定位”问题，实质就是要明确落实历史街道的风貌特征。上海近代城市结构中由于城市化过程、各类层次居民分布情况、城市结构等因素的影响，形成不同城市区位各具鲜明特色的城市空间特点和城市风貌。因此，不同区域的历史街道其文化底蕴和风貌特征也不尽相同。当前更多的道路整治工作，容易出现“流行”做法的弊病，使用统一的铺装、墙面、招牌形式等，造成各个历史区域的风貌趋同。因此，在历史街道的精细化规划与管理中，首要解决的是针对每条道路的城市化历史、人文背景情况、在城市结构中的位置、历史建筑风格和肌理特点，以及当前的使用情况，明确落实各条道路的风貌特征，以指导接下来的工作。

二是管理“对象”问题，不仅包括通常街道更新过程中设计的公共空间以及建筑墙面等要素，对于有机更新背景下的一系列常规管理程序中不需要申报就可以获得批准的“小动作”，也是管理的一部分对象，而且其对于整体风貌与品质的影响相对更大。比如使用者对建筑外墙面的粉刷和搭设附加物，加设小的广告和招牌，设置形式各异的防盗窗等，看似动作不大，但对于街道的整体空间品质的影响却很大。因此，就要求在具体的控制和管理要素方面，不但要考虑通常的一系列要素，还要将常规之外的其他要素考虑在内，涉及具体的规划和管理要素确定的问题。

三是部门“协调”问题，所确定的需要管理和控制的要素通常分属于各个相关部门。和以上所述的各种“小动作”相似，比如店招、市政设施的外露管线、树坑、候车亭、街道设施等，都归属于不同的管理部门。这就需要统一的导则性的平台，使得各个部门所涉及的必要的设施和要素与整体空间品质和风貌定位相吻合。

解决方式的探讨过程主要结合欧洲国家对于历史街区的保护管理经验，研究认为导则式的规划管理方法是最为有效的，并且可以满足其需求。导则式的规划管理方法的组成是由城市设计导则以及一系列成体系的技术规定共同构成，类似于“城市规划管理技术规定”，但更为详尽且具体，并建立相关的管理机制以确保技术规定和导则的落实。具体的实现路径是通过控制要素及相关规定，起到对于管理对象长效管理的作用，相关部门协调合作的作用，以及整治方案引导的作用。对规划范围内所有可见的物质要素归纳为若干类“控制要素”，分别提出具体的规划控制要求和设计引导。在该范围内进行的各项建设活动、编制改建地块设计方案和各项专业规划等，凡在“控制要素”中有明确规定的内容，均应当遵守规划控制要求。不同的部门之间，依照导则的要求，将其作为平台，共同实施管理。并且在控制要素规定的基础上，综合考虑道路整体定位及空间品质，提出设计引导，为今后的各类建设和整治工作提出相应的具体设计要求，而不是做设计方案。这也是规划管理体系定位中颇为重要的一点，其应当作为导则式的管理文件，而不是具体的实施工程设计。

作为管理文件及技术平台的核心，控制要素的清晰界定和分类对于导则的构成是十分重要的，不但要涵盖一般的城市设计中需要考虑的要素，还要更多地考虑历史街道的历史要素以及风貌要素，并根据目标的指向性考虑在常规规划体系中不会涉及的一系列无须审批的要素，也就是在现有体系基础上基于精细化的要求所需要补充的部分。

除了考虑对于所有的实体内容进行全覆盖，控制要素的最终确定还考虑了城市空间的构成模式、管理部门和对应的不同法规、规划管理方式区别等综合因素。在综合因素考虑的基础上，结合对于上海历史街道的基础研究结论、现状情况以及主要问题的实地调研，最后将控制要素确定为公共空间、建筑、环境要素三个大类，其中每一个大类再划分小类，整个体系的构成共计三大类16 小类。

2. 公共空间

公共空间是街道空间中最为重要的控制要素，并且由于其公共性更强，其分布、形式、功能、空间关系基本上直接影响街道空间的风貌特征及空间品质。公共空间主要是指区域范围内室外的，开敞的，对居民和访问者无条件开放，可供停留、活动或观赏的公共场所，主要是街道范围内的人行空间、小型公共绿化和与街道相连的用地性质为公共绿地的小型街头绿地，并不包括各类的室内公共空间。但是对于部分在一定程度上对公众开放的专有用地沿街的开敞空间，以及大型的公共绿地，则考虑其与街道人行空间之间的界面。

公共空间的类型可以归纳为三类最基本的室外公共空间：街道人行空间、与街道人行空间相连的小型开放空间和空间结点、街坊内部的公共步行通道。三类空间既相对独立完整，各有自身构成特点，又共同形成一个具有清晰结构的公共空间网络。其中，街道人行空间是核心，既是街道剖面的组成部分，又是其他两类基本公共空间的依附，具有线性、连续、特征统一的特点，并且构成感知城市的最重要步行网络。

（1）街道人行空间

人行空间的定义并不指通常意义上的街道剖面。通常的街道剖面是一个完整的全幅街道剖面，由行道树、建筑物硬界面、车行道和人行道组成的。然而从空间的体验来看，车行在街道空间时，路幅、路况及行道树对于整体的感受起到决定性的作用，建筑硬界面的状况几乎不会产生影响。而当人们行走在人行空间上时，界面破坏对街道空间质量的负面影响则会有十分强烈的体验。同时，街道另一侧的人行空间对其影响微乎其微。因此，在此要提出街道空间的人行空间剖面的概念（图 4-1）。这一概念

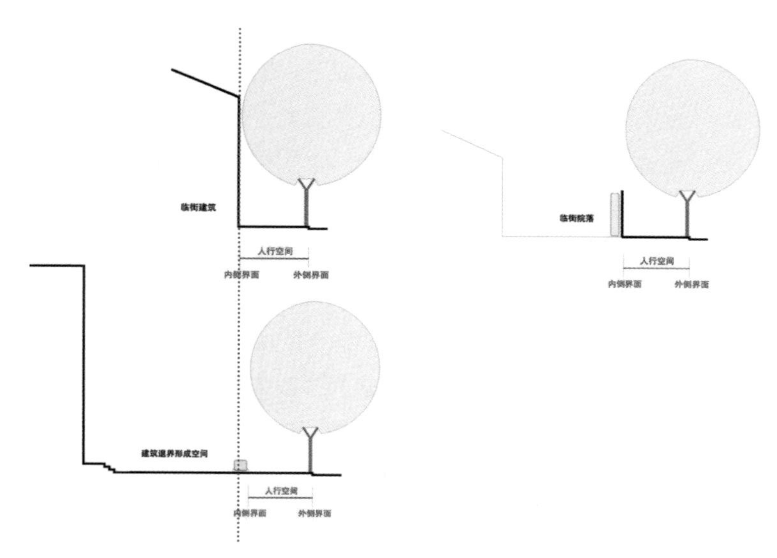

图 4-1 街道人行空间

可以简单地理解为人行道范围。人行道范围有两侧明确的边界，外侧是车行人行交界线，称外侧界面；内侧是建筑或围墙界面，称内侧界面。两个界面以及人行道铺地组成街道人行空间的品质要素。

（2）与街道人行空间相连的小型开放空间和空间结点

街道人行空间虽然包括一部分的空间收放，但整体来看是线性的。在线性网络的基础上，街道空间还包括更多相连接或者具有可达性的空间，这部分空间就是组成公共空间的第二部分，或者可以理解为第二层次。

这部分空间大多由以下四种情况构成，第一种是沿街或位于街角的小型公共空间及公共绿化，比如纯观赏公共绿化，可步入式公共绿化，也就是微型公园，或者与城市公共设施结合的公共绿化，比如地铁站、变压设施等；第二种是临街的入口部位，比如弄口、院落入口、公寓入口、街坊内部公共步行通道入口，范围明确，场所感强，作为公共空间进入私人空间的过渡段，是步行网络中精彩的节奏变化点；第三种是建筑退界形成的临街空间，是新建的建筑依照红线后退的规划要求而形成的临街开敞空间；第四种是临街建筑或围墙的不规则边界形成的临街小空间，大多尺度很小，很难设置正常用途（图 4-2—图 4-5）。

图 4-2　四类小型开放空间之小型公共空间

图 4-3　四类小型开放空间之临街的入口部位

图 4-4 四类小型开放空间之建筑退界形成的临街空间

图 4-5 四类小型开放空间之不规则边界形成的临街小空间

（3）街坊内部公共步行通道

与前两类相比，街坊内部的公共步行通道的公共性更弱，主要是面对街坊或者是周围的居住者和使用者，在空间特征中也更为偏向内向和相对私密。从这一角度而言，它并不完全代表街道公共空间的特征。将其作为公共空间的一个组成部分的原因在于，街坊内部公共步行通道在整个区域的步行网络中扮演了一个重要角色，使区域内的生活体验增加来一个十分人性化的层次，形成规整的街道人行道网络和不规则分布的街坊内部公共通道之间的特征对比，从结构上完善并优化了整个区域的步行网络（图 4-6 ）。因此，在单条道路的范围之内虽然不一定可以体现出对于街坊内部公共步行通道的引导作用，但是作为街道公共空间的重要组成，可以对其进行相应的研究、分析、规划引导。

图 4-6　街坊内部公共步行通道

（4）公共空间网络与城市空间结点

以上三类基本的公共空间构成公共空间网络。在这个比较均质的网络基础上，会凸显出许多的重要结点，也就是多种要素在城市重要部位的整合，形成城市层面的、城市公众印象中的标志性场所形象。这些场所既承载各类地块本身的功能，汇聚线性的街道人行空间和相连的小型空间结点，通常又通过各个地块、建筑和其他各类要素之间的协调关系，塑造出该区域的标志性形象。因此，提出“公共空间网络 + 城市空间结点”的风貌区城市空间模式。公共网络是各类公共空间共同形成的区域网络骨架，空间结点是网络化基础上对于重要空间范围的截取及概括，两者共同构成区域的公共空间。

对于空间网络中的三类基本空间，各自进行细化的客观分析，提出具体的布局和处理手法要求，力求达到街道空间品质分析的科学化、可检验、可操作的目的。对于空间结点的规划控制和引导手段与公共空间网络有所不同，公共空间网络相对来说更量化、更明确，而城市空间结点则需要相关多方面合作才能够实现。因此更倾向于对于不同影响因素的项目分解，通过导则提出设计要求及引导方向，重点考虑如何建立不同要素之间的合理关系。

空间结点是某一区域风貌特征显著不同于其他区域的重要体现，也大多是能够优化或强化这一区域风貌特征的潜力部位所在。因此，城市空间结点的范围往往是道路中存在优化潜力的部位，或者是存在显著问题的部位。因此，对于空间网络及城市结点的分析和总结，对于接下来道路的近期行动范围划定和任务明确有着重要的作用。控制要素的提出不仅关系到整体框架的引导作用是否有效，同时作为体系的核心内容，也是研究、调查、规划、引导制定、平台搭建、整治指导各个部分或阶段的重要技术支撑，是需要贯穿始终的重要理念。

3. 建筑

建筑作为构成街道公共空间的重要界面，也是风貌构成的主要组成部分。对其作为控制要素的细分，需要从对于街道空间的影响以及风貌构成的影响来考虑，不仅仅包括建筑立面本身，还应该将影响街道界面的围墙以及院落的入口纳入其中。同时，还根据建筑本身的风貌特征的保护要求以及后期需要管控的项目内容，将建筑再划分为历史建筑以及其他建筑。其中，历史建筑指的是风貌区保护规划中所划分的保护建筑、保留建筑和一般历史建筑三类，其他建筑即指保护规划中所确定的其他建筑，这也是保护规划从面到线再到点的一贯性的考虑。因此，对于建筑大类的细分可以划分为以下三种：历史建筑、围墙和院落入口、其他建筑和小型构筑物。

在此需要强调一下主控建筑立面的概念。这一部分的控制要素相对于街道公共空间和环境要素而言，更多地表现在沿街立面方面，因此在具体的引导管控中是通过主控建筑立面的确定来推进的。主控建筑立面通常指的是绝大多数建筑明确的临街面，它并不一定是建筑的正立面，可能是建筑的侧立面，甚至是背立面。当建筑立面方向与对应的道路形成一定角度时，如果该角度在 30°～ 60°之间，主要的临街面变得不明显，那么临界的两个立面都作为主控建筑立面。还有一种情况是少数的建筑由于周边环境开敞或者平面形式特殊，除主要临街立面以外，部分其他立面也对于街道空间及品质产生重要影响，那么这种情况，这部分其他立面也和主要临街立面一起，划定为主控建筑立面。

（1）历史建筑

历史建筑作为区域风貌特征的主要组成，也是面临问题最多的一个类别。根据构成历史建筑的风貌品质要素，同时结合现状面对的主要问题，将可引导控制的方面细分为五个方面：建筑立面构图、建筑立面材质与色彩、建筑细部与构件、外立面附加物，以及不合理使用造成的问题。

在对于现实状况的调查过程中发现，通常认为破坏历史建筑风貌的主要原因是立面的材质以及色彩等细节问题，但在实际状况中，更新过程中面对的主要问题其实是立面构图的肆意修改或者破坏。这一方面的问题远比材质不符合改变色彩带来的负面效果更大。并且由于大部分情况都是由于店面装修引起的，所需要管控的要素琐碎且复杂，店面又频繁更替，如何进行对于立面构图的管理和引导，是这一部分的重点内容。

与立面构图一样，材质和色彩也是历史建筑风貌的重要体现，并且对于历史建筑，通常有半数以上的情况，其色彩是与材质直接相关的。这一方面的管控和引导相对来说更为易操作，路径和方式基本可以建立在对于建筑单体的保护更新要求基础上。

细部或构件对于微观尺度上建筑的风貌和品质有着重要的作用，并且往往是建筑重要特质的体现，涉及的方面琐碎且多样。具有代表性的包括带窗套百叶的窗户、阳台栏杆、具有手工艺特色的立面雕饰、铸铁花饰、柱式、工艺性装饰砖、入口马赛克饰面铺装（或水磨石饰面）、立面局部拼砌饰面砖、公寓入口灯光设置、原有与建筑入口整合设计的信报箱、原入口户门、烟囱口等。

外立面附加物和不合理使用造成的问题主要是从对于历史建筑的负面影响入手来考虑。外立面附加物包括原本设计中并不存在，但是随着生活方式的更新需要增加的具有功能性的部分，比如室外空调机、遮阳篷、晒衣架、自搭花架 / 搁物架、防盗窗 / 门 / 卷帘门、卫星天线等。不合理使用则主要涵盖居住密度过高带来的一系列不合理使用状态，例如违法搭建、侵占公共空间、改变辅助用房为不合理用途等。

（2）围墙和院落入口

与建筑相同，围墙和绿化也是街道空间重要的可视要素。这部分内容其实整合了墙体及墙上的防护设施、入口两侧墙垛、门房间、比较隐蔽的垃圾点、大门、入口处照明灯、入口处各种设施（信报箱、奶箱、门铃、摄像头等），绿化及入口处的门牌和铭牌等，细节众多，同时功能又很强。从构成街道空间的比例来看，围墙以及院落的入口对于街道风貌以及品质的贡献其实并不低于建筑本体。围墙的尺度、材质、色彩、所采用的样式特征，都是构成空间特征的重要元素。同时，与入口部分相关的元素的整合和统一，更是体现空间品质的重要细节，比如各种功能设施的整合、大门的样式以及与围墙和建筑的协调关系、入口的尺度等。

（3）其他建筑和小型构筑物

除了历史建筑和围墙入口这两项构成街道空间风貌的重要元素外，在建筑界面上还有一部分其他建筑和小型的构筑物。虽然它们并不是对于风貌特征有着突出贡献的元素，但是其不利影响将放大对于街道空间的负面作用。在引导要素的确定方面，由于不同于历史建筑的现状问题，又体现出完全不同的管控思路，与分类别的控制引导相比，对于其他建筑来说更倾向于有针对性的整治要求。

小型构筑物主要是指在地块内不规则分布的各类辅助建筑，数量众多，形式简陋，缺乏合理设计和维护，往往会对街道景观以及地块内部的院落环境质量产生不利影响。

4. 环境要素

环境要素包括除公共空间以及建筑以外的，构成街道空间并对其风貌及品质有着重要作用的所有可见要素的总称。这部分内容较为繁杂，且归属不同管理部门，很难特别归类。总体来说，根据其对于街道空间的贡献度大体包含以下十项内容：

（1）绿化；

（2）铺地；

（3）外露的市政管线和设备；

（4）材质和色彩（建筑以外的色彩问题）；

（5）自行车停放；

（6）广告牌；

（7）各类铭牌和告示牌；

（8）照明；

（9）街道设施（垃圾箱、电话亭、公交车站等）；

（10）街道公共艺术设施。

绿化包含了区域内不同层级的绿化空间，包括以公园、行道树为代表的城市层级绿化；以位于人行空间内的小型公共绿化为代表的街坊层级绿化；以庭院绿化为代表的地块层级绿化；以及以垂直绿化、屋顶绿化为代表的其他形式的新型绿化。

铺地作为人行空间的体验的直接元素，主要是人行道的铺装、树坑及市政设施盖板、盲道等主要的构成要素，在色彩、材质、拼砌方式等方面的综合表现。与此相似的还包括自行车停放、街道设施、街道公共艺术设施，基本为体验街道空间直接相关的设施或空间要素。

外露的市政管线和设备、材质和色彩、广告牌、各类铭牌和告示牌相对来说更贴近于构成街道空间的界面风貌问题，大多为发生在内外侧界面上的各种问题。照明相较而言更为综合，从道路的市政照明，到建筑立面，再到局部空间，基本涵盖了影响街道空间的各类照明元素。

需要强调的是，要素的确定是对于可引导的元素的分类及总结，在直接指导区域或者单个的历史街道规划和管理体系的编制中，并不要求对于所有大小类的控制要素的覆盖，而是可以根据街道的现状状况，予以取舍；对于环境要素一项，也不代表必需按照所罗列的项目一一作出引导或管控，其顺序应该依照对于街道本身影响的程度大小列出，或者适当增加内容。控制要素的体系的提出，并不是必须唯一，不允许更改的，而是应该作为要素库，可以做到因地制宜。

第三节　规划框架与实践——以徐汇区为例

历史街道的规划框架其实是针对某一个区域而不是某一条街道的，虽然从实施对象来看，目标是某一条具体街道，但规划和管理的目的是公共空间网络的优化、整体空间品质的提升、区域社会经济的振兴。因此，需要从区域的角度考虑其结构调整、特征研究、功能定位等问题。同时，虽然面对的对象是一定区域内的所有历史街道，但规划框架并不是为整治工作做的所有道路的工程设计方案，而是覆盖一处完整的风貌区、以街道空间为重点对象的规划管理依据和技术支撑平台，具有指导近期整治工作和长效精细化规划管理的双重作用。

因此，在框架的构建上，首先是具有一部分共性的规则性内容，涉及区域的功能定位、街道的功能控制、区域整体的风貌特征、控制要素的构架等内容；在此基础上，再是针对各条道路的个性特征部分的规定性或者引导性内容，用以确定单条道路的个体特征、要素细化、实施行动指导等，并以该种方式提供单条道路作为管理对象的便利性；最后，针对其作为长效精细化指南的作用以及各部门协调合作的需要，将作为基础研究和日常管理的部分形成资料性的成果文件，用作日后的管理平台。从成果的模式来看，区域体系的形成并不是以单条道路为单位的若干分册的汇总，而是在区域整体考虑下的“总—分—平台”的模式，从而实现对于区域规划及管理的细化和深化。

框架由四部分组成，分别为总则、通则、道路分册及规划管理基础平台。其中，总则主要用以解决共性的定性问题；通则作为控制要素的核心内容，用以解决共性的框架内容，具体涵盖公共空间、建筑与环境要素三大类的控制要素；道路分册作为以单条道路为对象的规划及管理手册，用以解决道路的个性化特征以及实施行动的引导问题；而规划管理基础平台，除了作为整体成果文件的一个组成部分外，更是协同规划管理的信息共享平台，对于整体体系的运作起到保障作用。四部分之间具有明确的层次关系和技术关联，明确了从总体思路到基础资料汇总等各个层面的内容格局和相互关系，基本实现了总体思路——控制要素技术规定——个体对象手册转译——基础资料平台构建的整体框架。这些内容实际上已经大大超越传统意义的“规划”，其实施主体从单一的规划管理部门延伸到所有相关的政府管理部门，将规划管理这样一个阶段性管理扩大到城市空间形态的全生命管理。

1. 总则

总则是从历史文化风貌区整体层面出发的，对风貌道路保护规划的基本理念和关键技术问题予以明确，为各条道路的定位和规划设计方向提供共性规定。这一部分共包含八项内容，在这八项内容中，第六、七两项为核心技术内容，其他为基本规定，从总体上确定规划的目的、地位、原则、范围等。

（1）规划编制目的、地位和作用；
（2）规划依据及参考文件；
（3）规划范围；
（4）现状趋势与主要问题；
（5）保护规划原则；
（6）区域功能定位、街道功能控制和引导；
（7）风貌特征——区域风貌特征和道路风貌特征；
（8）规划实施和管理。

对于基本内容的规定首先应该明确三个方面的界定。第一是明确其作为区域整体指导而不是单条道路规划的定位，针对这一规划目的提出相应的规划目标、参考文件、现状问题等。

第二是规划范围的界定，在区域层面对于规划范围的界定并不单指整区域的四至边界，还包括对于道路分册中单条道路范围的界定和考虑。单条道路范围是接下来以其为对象的整治工作的具体边界，可以说直接关系到区域整体风貌情况以及街区品质，因此对其边界的划定规则具有重要意义。需要考虑的因素包括从区域范畴来看，要重视道路交叉口对于整体空间的重要作用，从而在具体道路范围的划定中考虑其整合和衔接关系，避免由于不同部门的划界不同造成相连道路之间的接缝或者割裂问题。此外，区域内绝大多数地块都与街道有直接联系，并且对于街道空间及其风貌有着重要的影响，范围的划分需考虑地块的纳入而不仅仅包括面街建筑立面。另外还包括不同道路范围重合部分的拆解，由于行政区划产生的道路空间分割的处理等。因此，从实际行动的需求入手，在区域层面将单条对象进行总体考虑与划分，正是该部分的重要作用，也是接下来道路分册部分的划分基础。

第三是对于规划实施和管理的重视。因为土地和项目审批等环节的既有机制是很明确的，但在精细化管理层面，如何对一些小的举措进行控制、引导和日常性管理，这套机制是片段的，甚至是处于管理系统的边缘位置，距离形成一套整合的协同管理机制还有很长的路。这项内容仍需要通过今后更长时间的探索性实践得出更具合理性和操作性的结论，因此，希望这一部分是建立在实践基础上的不断尝试和探索的过程和经验的累积。

对于核心技术内容，主要是在整体层面对于功能和风貌特征两方面的定性，这是以区域作为思考角度，并保证单体的协调性和多样性的基础，也是总则部分需要着重解决的技术问题。此外，作为区域风貌保护工作的精细化工作，对于原特征定性的延续和深化也是必须要遵守的原则之一。

功能的定位是在风貌区保护规划对于区域定位的前提条件下的，根据历史研究以及现状调查的结合，通过街道沿线公共性功能布局的调控，优化整体区域的功能结构。具体技术路径从风貌区详细的历史演变和现状功能分布分析入手，提出区域功能构成的特征，如居住和公共性功能在历史演变过程中的分布和相互作用机制和模型。有了这个基础研究得出的规律，加上今天的新增商业的出现规律和社区发展的实际需要两点考虑（尤其以社区生活需要为优先），在 60 ～ 80 公顷范围（基本可以看作是一个城市区片，或者“社区”），结合城市道路和城市空间结构情况，基本可以比较清楚地看出在该区片内如何合理定义各条道路沿线的功能性功能（有无、多少、主要服务对象、对街道特征的积极作用等）。通过这样的技术途径，在规划层面，可以提出没有实体开发项目，但通过小举措的整治和调整，实现一个城市片区结构优化、品质提升、生活便利程度提高、特色加强并结合时代有所发展的实施引导途径，从而达到促进整个区域振兴的目的。

近代城市结构中由于城市化过程、各类层次居民分布情况、城市结构等因素的影响，形成不同城市区位各具鲜明特色的城市空间特点和城市风貌。因此，鲜明的区域风貌特征经常会被作为单条道路特征的代表，导致道路整治工作中，经常会出现采用统一的“流行”作法的现象，如更换道板砖、粉刷墙面、统一形式治理招牌等，造成各个历史区域风貌趋同的问题。针对此问题的解决，认为需要在区域的角度，对于单条道路的风貌特征予以确定，确保其差异性及多样性，并同时遵循区域统一性。因此，风貌特征的确定重点不仅包括对于区域风貌特征的深化，更为重要的是针对单条道路风貌特征定性。通常，对于某一条道路的风貌定性经常会出现趋同、模糊、不实等问题，或者在风貌特征的描述中以主观虚词（高级、精品等）替代客观分析，为避免这种状况，在风貌特征的确定中提出以客观分析内容作为判断的技术路线，分析内容可以概括为八项，分别是街道空间尺度、街道沿线公共性功能、道路交通等级、历史特征的街道空间（剖面特征）的保存情况、小型公共开放空间分布情况、街道沿线历史建筑现状情况、街道沿线人文历史场所及其他特殊影响因素，其中前四项权重较大。

细化来讲，街道空间尺度需要考虑道路长度、道路剖面尺度以及道路在区域路网结构中的重要作用，将其划分为不同尺度的类别；街道沿线公共性功能需要考虑商业业态的数据，将其划分为动静不同类别；道路交通等级考虑交通情况的畅通程度；历史特征的街道空间是指保持本区域历史上典型的街道人行空间剖面，通常是贴道路红线的建筑立面或者围墙，而不是已经改造过的经过退界的街道空间；街道沿线历史上并不存在小型公共开放空间，从 20 世纪 90 年代以来逐渐出现街道沿线开放或半开放的空间，如新建建筑、新增设的小型绿化点、市政公共设施周边开放空间等，这类开放空间对街道沿线的风貌特征有明显影响；沿线历史建筑的数量和质量对于风貌特征的影响；沿线人文历史场所的密度的影响；特殊情况则是指由于种种原因，已经丧失了历史文化风貌的情况。通过一系列的客观内容的分析和表述，作为道路的风貌特征的概括。

在此基础上，总则部分完成对于区域内历史道路的功能结构的引导和确定，以及风貌特征的分项评价基础，为接下来针对单条道路的功能引导、措施实施、风貌特征的确定提供基础。而且这一前提是在整体区域的思考角度，既避免区域性的趋同，维护个体的多样化，又延续整体区域的统一及协调。

以徐汇区为例，这个区域拥有近代上海法租界西区的大部分范围，面积达 4.3 平方公里，一直是上海的最重要区域之一，也是中国乃至亚洲保存完整的最重要的近代历史街区之一（图 4-7）。作

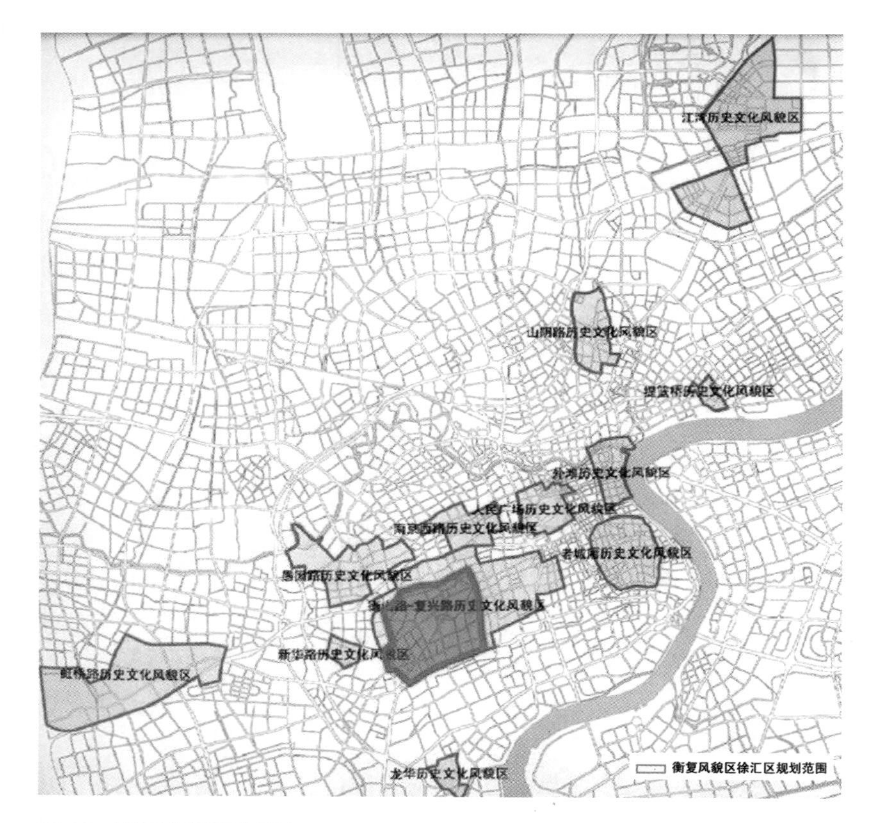

图 4-7　风貌区内徐汇区位置图

为中心城区一个完全城市化的区域，徐汇区也是有机更新背景下城区发展的典型代表，因此，以《徐汇区风貌保护道路规划》为代表的对于历史街道的精细化规划和管理的实践，在有机更新的背景下是极具代表性的。

由于行政区划对于管理实施的直接作用，区域范围仍旧限定在行政区以内的范围，也就是衡复风貌区中属于徐汇区的部分，具体范围北至长乐路，东至陕西南路，南至肇嘉浜路，西至兴国路—华山路—天平路，总面积 4.4 平方公里（图 4-8）。除此之外划定的道路范围，也就是各条道路沿线两侧第一层面建筑、绿化等所在完整地块组成的区域，包括有出入口与该道路相连的地块，也包括位于与该路相交的城市道路上距道路中心线交叉点 50 米范围内的地块（图 4-9）。

从功能上来讲，该区域在上海城市中的重要性其实是在减弱的过程中，一方面来自城市空间和建筑方面品质的衰退，相对于上海市其他地区，徐汇区作为上海近代黄金时期至 20 世纪 90 年代品质最高的城市区域，在这方面的表现还不是特别突出；另一

图 4-8 徐汇区风貌保护道路规划范围图

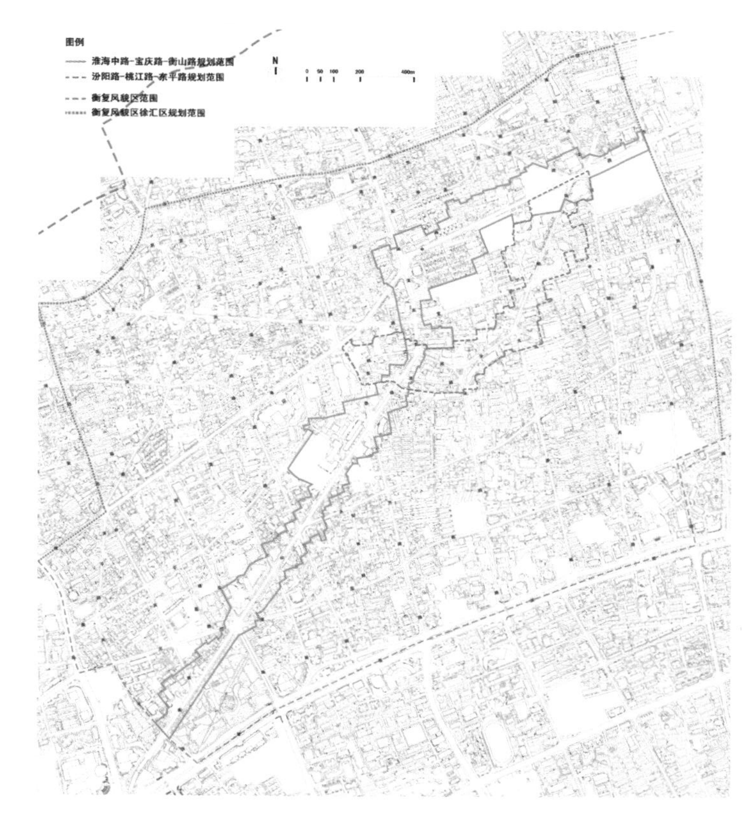

图 4-9 徐汇区风貌保护道路规划道路范围图

方面来自非物质性特征的减弱，“人”的特色随着功能空间的改变在弱化。从功能构成来看，该区域的空间构成与功能分布有明确的对应关系，所有地块基本分为居住地块和重要机构所在地块两大类。由于街道功能和服务对象的不同，区域内街道有明显的动静区分，且大多数为静，少数为动，但动的比例在明显提高（图 4-10 ）。因此，在结合《衡复风貌区保护规划》中对本区域“以居住功能为主体，文化休闲、旅游观光、中高档商业与服务业有机结合的多功能城市复合地区”的功能地位基础上，提出“突出强调本区域的居住功能和重要机构工作场所的功能，在不影响前二者的前提下，在限定范围内发展街道沿线的城市服务型功能”的功能建议，具体通过量化街道沿线公共性功能业态，提出控制其增长和分布的规划来实现。按照“动静”特征区将区域内 40 条道路（不含肇嘉浜路和陕西南路）分为两类四种情况，并根据相应的类别提出规划控制和引导建议（图 4-11 ）。

安静生活型街道（静）：① 街道沿线基本为居住和重要机构功能，商业极少，道路沿线因地块使用功能的特殊性，如政府机关所在地块等，而使街道存在的商业数量基本不对街道风貌产生影响，两侧底层开店开间总长度所占道路总长比例在 15% 以下的街道，如康平路、广元路、宛平路北段、余庆路等。② 街

图 4-10　区域功能构成特征示意图

图 4-11　街道功能控制和引导图

道以居住氛围为主，存在一定量的商业，但沿线建筑开店未形成一定的规模，两侧底层开店开间总长度所占道路总长比例在15% ～ 30%，以湖南路、复兴西路、武康路为例。

商业活动型街道（动）：① 街道仍有一定的居住氛围，但沿线建筑临街面商业店铺分布较多，且多为新兴商业集中路段，两侧底层开店开间总长度所占道路总长比例在 30% ～ 70%，以衡山路、桃江路、东平路为例。②街道沿线商业氛围占主导，因建筑肌理、历史功能等原因，为商业功能活跃的街道，两侧底层开店开间总长度所占道路总长比例在 70% 以上，以乌鲁木齐中路、襄阳路、嘉善路为例。

从风貌上来讲，该区域形成于 20 世纪上半叶，历史上为法租界内的高级住宅区，目前是中心城优秀历史建筑数量最多、规模最大的风貌区，整体特征安静且优雅。而各条路的风貌特征则根据八项内容作为判断的技术路线。譬如针对“街道空间尺度”这一项，综合考虑道路长度、道路剖面尺度、道路在区域路网结构中的重要作用，将街道分类（图 4-12 ）；针对“历史特征的街道空间（剖面特征）的保存情况”这一项，根据历史上典型的街道人行空间剖面特征是否被更改，将街道分类等（图 4-13 ）。由此确定每条道路的风貌特征。

图 4-12　街道空间尺度

图 4-13　历史特征的街道空间（剖面特征）的保存情况

2. 通则

通则是对于控制要素的技术化规定部分，具体的内容从现状问题的分析入手，寻求有针对性的技术路线，并据此提出规划和管理要求。作为道路分册编制以及各部门规划管理的指导文字性文件，是引导要素构成的重点组成部分。整体体系按照三大类 16 小类的框架排序，但仅作为论述，具体工作中还需要根据实际情况调整。三大部分为：

通则一：公共空间

（1）三类基本公共空间；

（2）城市空间结点；

（3）存在显著问题或优化潜力的部位。

通则二：建筑

（1）历史建筑；

（2）围墙和院落入口；

（3）其他建筑和小型构筑物。

通则三：环境要素

（1）绿化；

（2）铺地；

（3）外露的市政管线和设备；

（4）材质和色彩（建筑以外的色彩问题）；

（5）自行车停车；

（6）广告牌；

（7）各类铭牌和告示牌；

（8）照明；

（9）街道设施（垃圾箱、电话亭、公交车站等）；

（10）街道公共艺术设施。

每一部分的内容按照现状问题的分析、规划要求的确定来构建，目标指向接下来确定单条道路的引导图则，因此，希望更能够指导实施行动。除此之外，对于部分要素还需要同时兼顾远期规划以及近期整治工作，比如对于建立大部分的环境要素，不仅要考虑解决近期问题，还需要更多考虑今后引导新增部分。

公共空间的部分，除分析与引导构成公共空间网络的三类基本空间以外，还有一部分重要的内容是确定不同层级的城市结点空间，并结合现状调查的状况，确定区域内今后具有优化潜力的部分以及有着显著问题的部分。这是以接下来的整治工作为直接导向的，是整治项目产生和分解的基础，也是其中重点的内容。

建筑部分主要以整治性工作为主，在此，建议对于问题产生的原因根据不同性质归类，以便可以更好地提出具有针对性的规划要求。在考虑近期整治工作的同时，还需要考虑历史建筑在今后更新的过程当中不断变化的状况，引导和管理可能产生的活动。比如，店面问题会随着店铺的转让或者建筑功能的更新不断变化，需要有长效的管理策略。同时，单体的店面问题还与整体层面道路功能的梳理和分布引导相关，需要在总体层面功能结构的指导下，提供单条道路控制的足够依据。

与城市空间结点的问题分析及优劣两部分的确定相似，环境要素部分还需要将其作为具体项目进行分解，细化到不同的管理部门，从问题的发现，要求的提出，直接指导整治工作的推进。

1）通则一：公共空间

以徐汇区为例，在第一部分公共空间中，街道人行空间、与街道人行空间相连的小型开放空间和空间结点、街坊内部公共步行通道三类基本的公共空间在空间结构上共同构成公共空间网络（图 4-14），对于每一类的各种细分状况总结现状问题并提出规划要求。同时，根据现状调查结构，将街道人行空间进行类型的细化（图 4-15），包括不同类型和表现形式的内外侧界面的分类，以便更清晰掌握现状街道人行空间的类型和风貌特征，明确规划要求，并为城市结点的确定提供依据（图 4-16）。在此基础上，确定城市层面的空间结点，在徐汇区的案例中，可以分为不同重要程度的三类（图 4-17）：

A 类城市空间结点：绝大多数位于区域内重要的道路交叉口部位（淮海中路、宝庆路、衡山路沿线），以及以城市重要公共设施（城市图书馆、地铁站等）为核心形成的公共空间区域，如上海图书馆空间结点。

B 类城市空间结点：以景观雕塑及公共绿地为核心形成的城市空间结点，具有较强的聚合性。

地段层级空间结点：位于一般支路道路交叉口，影响范围较小（图 4-18）。

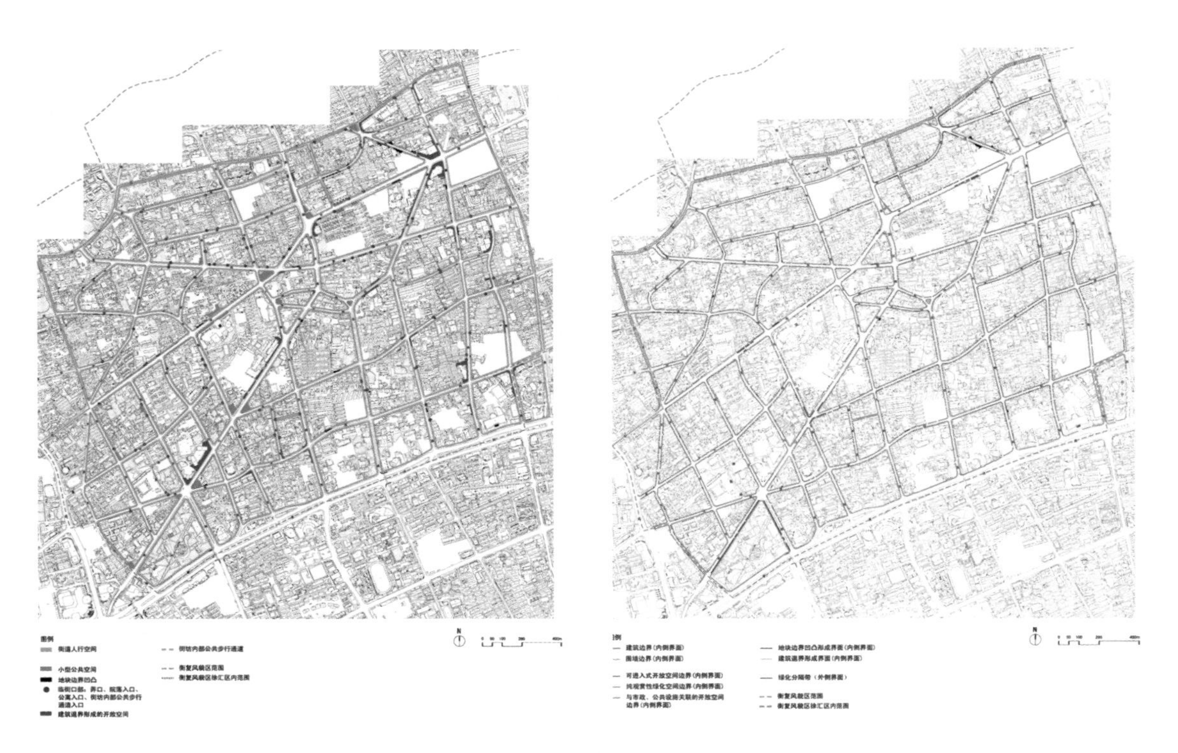

图 4-14　公共空间网络

图 4-16　街道人行空间分类现状分布图

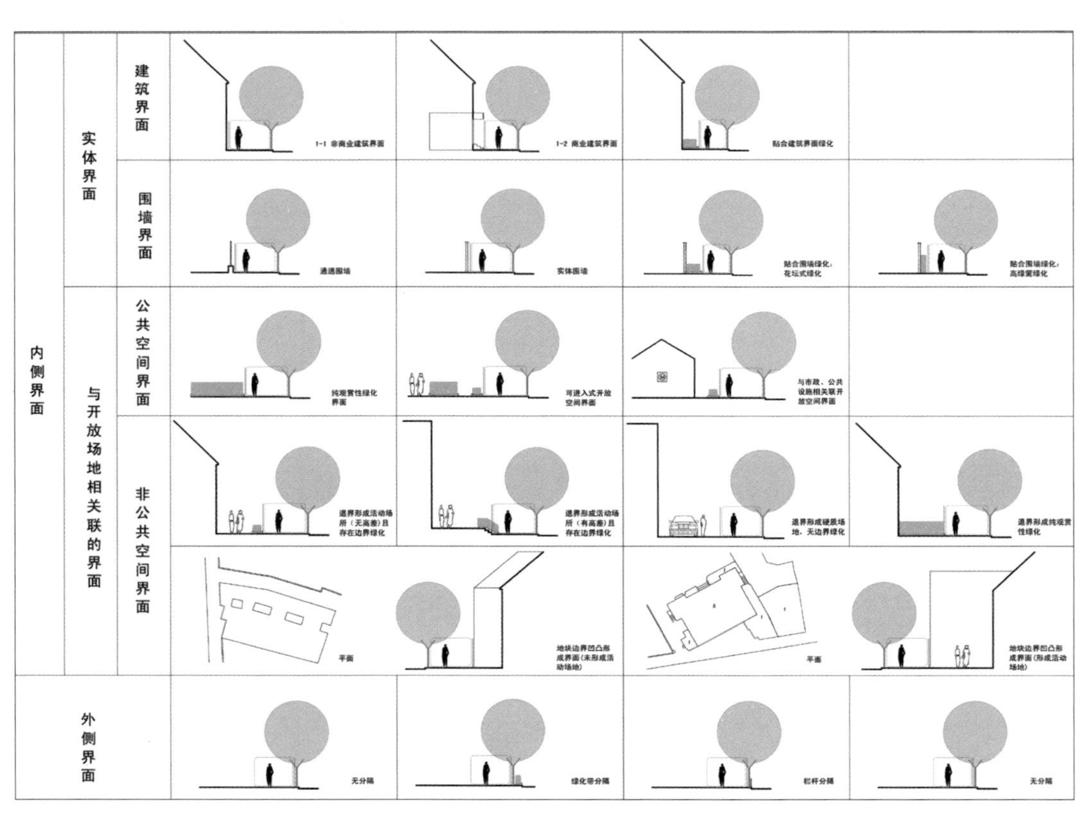

图 4-15　街道人行空间剖面类型

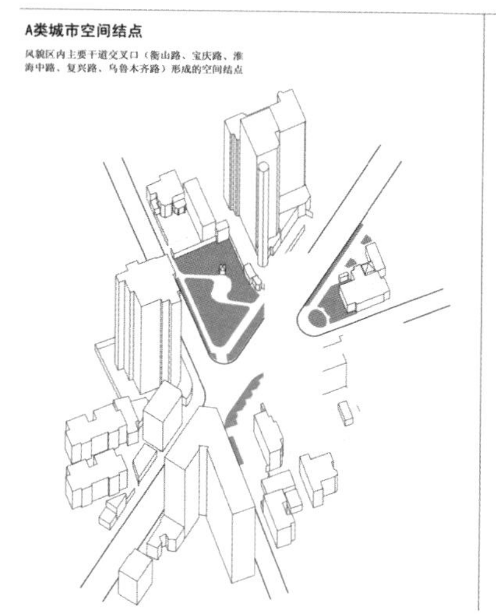

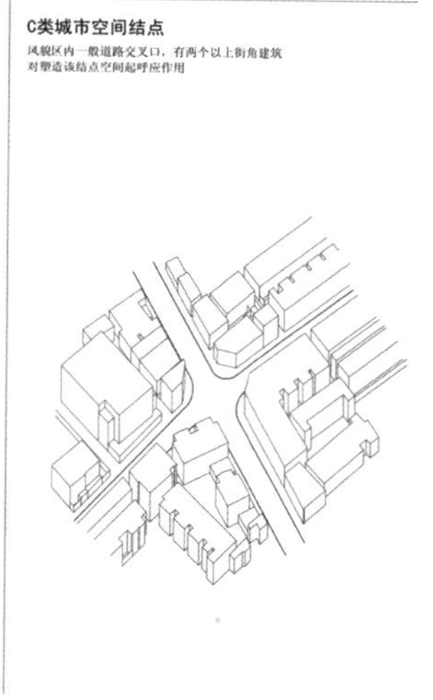

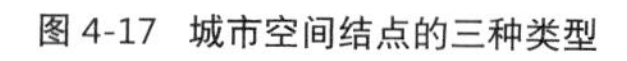

图 4-17　城市空间结点的三种类型

图 4-18　城市空间结点分布

并针对前两类提出规划要求和设计引导。以 A 类城市空间结点“常熟路一淮海中路一宝庆路道路交叉口”为例，该结点作为城市次干道的交叉口，地铁 1 号线与 7 号线交汇处，对于城市及区域交通来说是一个重要结点，区域内的结构性道路在该结点处从淮海中路转而进入宝庆路—衡山路。作为结点目前存在的问题可以总结为：结点处各地块界面缺乏呼应关系，尤其是淮海中路—宝庆路两侧的 028、029 街坊为结构性道路转入宝庆路—衡山路一线的“门户”区域，现状中标志性与界面完整度都较差。针对该问题提出在这一结点的存在问题或潜力的部位，明确其范围、问题、引导要求，这一部分的工作是通则一重要的内容，并且与道路分册部分图则内容保持一致性，具体部位的设计引导体现在道路分册的平面导则中。

2）通则二：建筑

在徐汇区案例当中，针对第一个小类历史建筑的五个面临的问题，建筑立面构图、建筑立面材质与色彩、建筑细部与构件、外立面附加物，以及不合理使用造成的问题，依次根据现状的情况提出主要问题以及规划的控制要求。比如针对立面构图的内容的控制，经分析发现，商业店面是破坏立面构图的主要原因，也就是店面装修对于建筑原有立面的构图的改变，或者为突出店面形象完全不顾建筑立面，于是将其细分：

（1）店面店招破坏历史建筑立面基本构图秩序；

（2）同一栋建筑物的店面店招缺乏统一秩序；

（3）店面店招严重突出历史建筑外墙面；

（4）店面店招改变或覆盖了有几何特点的局部构图；

(5) 店面店招的风格样式与历史建筑的风格样式存在明显冲突。

然后针对店面影响建筑立面构图特征的问题，提出基于建筑风格和原有立面构图特点，进行店面范围和店招位置及尺度控制的技术控制原则与要求（图 4-19）。其他四个问题采用相似的技术路线，针对现状情况将问题细分，并据此提出相应的规划控制和设计引导。例如针对材质与色彩，从区域内历史建筑的现状调查中明确其四大类材质：砖、水泥和石材小颗粒介质混合面层、水泥抹光面加粉刷、石材；以及十余种常用作法：拉毛粉刷、干粘卵石面层、水刷石等，并根据区域内建筑一半以上皆是色彩与材质本身相关的情况，在规划控制中从材质、色彩与面层质感、色彩的方面进行控制，对于面层的具体做法，则采取引导的方式，对具体面层做法提出具体引导。

第二小类围墙和院落入口，作为区域中街道人行空间的重要界面，针对目前面临的历史围墙数量减少、样式简陋、入口部分破败等问题，从围墙样式特征、材质和色彩、尺度、安全防护设施的种类和要求、针对独院或者小型弄堂的入口部位的设计要求。

第三小类其他建筑和小型构筑物，主要是针对明显影响街道风貌的其他建筑，对其提出整治要求，或者针对门房间等不规则

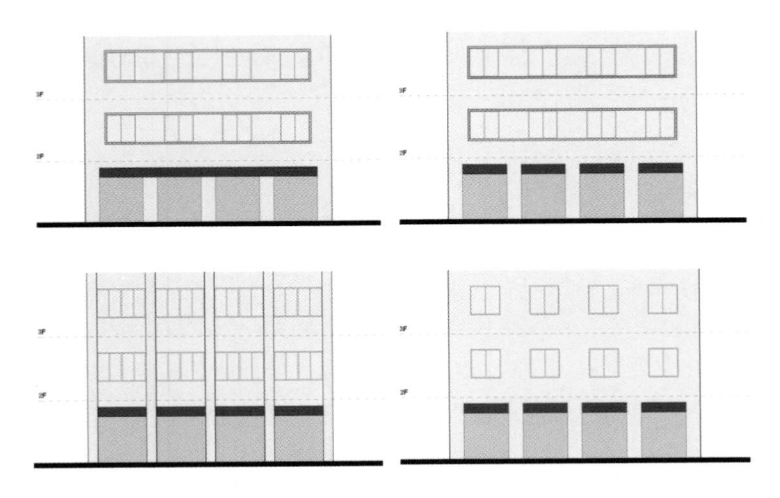

图 4-19　店面范围和店招范围控制示意图

分布在地块内的各类辅助建筑，提出整治改造的要求，以及位置控制的具体范围。

这一部分的主要内容为通则的控制，具体的设计引导将体现在道路分册中的立面图则部分。

3）环境要素

在第三部分环境要素中，对于不同类别的要素进行分类以及问题的分解，从而提出具有针对性的规划建议。针对具体部位的设计引导则与前两个部分一样，在道路分册中予以体现。以其中的绿化为例，按照区域现状，可以将其划分为城市层级、街坊层级和地块层级三个层级和其他形式绿化共计四大类。城市层级包括公园、行道树、重要城市空间结点内的小型开放绿地；街坊层级包括沿街道人行空间走向的外侧与内侧的绿化和附着于人行空间上的小型公共绿化和弄口、院落入口的绿化；地块层级包括庭院绿化以及与人行空间有关的绿化；其他形式的履责则是指新出现的盆栽绿化、垂直绿化等。根据不同层级的绿化对于街道空间应该具有的作用以及目前所面临的主要问题，分类别提出具有针对性的规划控制要求及建议。具体整治部位以及引导要求在道路分册的平面导则或立面图则部分予以体现。

3. 道路分册

道路分册是在总则和通则所制定的规划控制原则和通用规则的基础上，针对各条道路在总体思路上的“转译”和细化。可以说，其除却导则图则类文件外的大部分内容已经在总则和通则中提及，而这部分是将规划和管理对象从区域细化至每一条道路，以道路为单位确定其规划设计要求。从实施操作来讲，实施以及管理工作通常是以道路作为基本单位的，此种转译也更利于与现实工作的结合，但是对其功能、风貌、需要整治的部分以及具有潜力的部分的确定，还是需要从整体区域的角度进行，以达到以线为抓手、以面振兴的行动路径和更新目的。概括而言，各道路分册是各条道路近期整治和长效规划管理的具体应用文件。

理论上，道路分册以区域内各条历史道路为对象单独成册，每个道路分册中应包含的内容主要可以划分为三个部分：

一、规划设计说明

（1）地位和作用；

（2）规划范围；

（3）风貌特征；

（4）历史沿革与重要历史信息；

（5）存在显著问题和优化潜力部位及相应的规划设计要求。

二、导则和图则

（1）街道公共空间平面导则；

（2）街坊沿街立面导则；

（3）地块 / 建筑沿街立面图则。

三、存在显著问题和优化潜力部位的规划设计

第一部分风貌特征的部分需要在区域所确定道路风貌特征的基础上，结合历史研究以及现状调查的深入，将其深化，并明确其中的细节和个性化的部分；历史沿革与重要历史信息的部分则是分册中重点要深入研究并补充的内容，其关系到整体道路的特征解读，同时也为风貌的引导提供依据；对于规划设计要求的提出，是建立在通则一中对于存在显著问题和优化潜力部位的具体范围确定的基础上进行的。在通则中，主要是针对城市空间结点部分问题或者优化潜力的提出，以范围确定和具体部位的明确为主，分册中该部分则是在对整条道路深入研究基础上，增加全路段在城市空间结点以外的存在显著问题和优化潜力部位，并同时对所有部位总结其问题所在或者可以被优化的部分所在，并依据现状情况以及整条道路在功能及风貌上的定位，提出相应的规划设计要求。

第二部分导则和图则是规划管理的重要技术文件，对单条道路规划范围内的街道公共空间、建筑立面和重点整治要素提出具体的规划设计要求，并将其在图纸层面进行清晰的界定。同时，为近远期道路上陆续出现的沿线单位或业主的更新项目提供长效规划管理的依据。部分无法在导则与图则上表达具体规定的内容，特别是铺地，外露的市政管线和设备，非设置于建筑外墙的广告牌、照明、街道设施和街道公共艺术设施等环境要素，日常管理则按照总体部分的通则所提出的规划要求实施。其中，“公共空间平面导则”用以明确通则一对于公共空间的控制要素的现状状况以及规划要求；“沿街立面导则”以及“地块 / 建筑沿街立面图则”共同用以明确通则二、三对于建筑以及环境控制要素的现状状况

以及规划要求；沿街立面导则以街区沿街面为单位，主要控制临街建筑开设商业店面以及临街围墙及院落入口整治问题，从中观层面控制街道空间，地块 / 建筑沿街立面图则以单幢建筑或建筑群为单位，对其主控立面的材质、色彩、细节、突出物等一系列可见要素进行控制及引导，从微观层面控制街道空间。

第三部分对于街道空间品质的提升将会产生重要作用的区域，也就是存在显著问题或具有明显优化潜力的部位，在第一部分所提出的规划设计要求基础上，将其细化至每个范围，提出近期的规划设计要求，并对于有形式改动的部位提出初步的示意性设计方案，为政府管理部门和该部位的使用单位或业主实现近期的综合整治举措提供依据和参考。通过此三个部分，实现道路分册既作为近期整治活动的指导文件，又作为长效精细化管理的双重作用。

通常情况下，这一部分的编制工作组织模式并不是单一的规划管理单位与规划设计单位的单线模式，而是在实践过程中逐渐建立并完善形成“规划管理部门—总规划师—规划设计单位”的模式。其中总规划师与规划管理部门一同设定成果的统一模式以及质量标准，确保由多家规划设计单位编制的道路分册能够与整体规划成果合理衔接，保障规划成果的完整性和统一性，并在编制过程当中，协助规划管理部门对一些道路沿线出现的项目提出规划设计技术指导文件，将总规划师的制度覆盖风貌区保护管理以及整治工作层面。

图 4-20 宝庆路 - 衡山路道路规划范围

以徐汇区案例中的宝庆路—衡山路道路分册为例。第一部分中确定道路规划范围的具体边界，所包括的街坊、地块、建筑等（图 4-20）。以总则中关于各条道路风貌特征影响因素的系统分类为基础，根据现状调研分析，确定宝庆路—衡山路在区域范围内，作为商业活动型街道，是一条在路网结构中起重要的景观和交通组织作用的大型风貌保护道路，其沿线分布数量较多的小型公共开放空间，从而大幅改变街道空间的原历史特征；同时历史建筑和人文历史场所的数量虽少但质量较高、精美雅致、保护保存情况较好。在存在显著问题和优化潜力的部位中，不仅将通则中所确定的城市结点的存在显著问题和优化潜力的部位提取并将其具体细化，提出相应的规划设计要求，还根据道路本身的情况，对城市结点以外的部分，提出存在显著问题和优化潜力的部位，并提出相应的规划设计要求。比如，在通则中提到的“常熟路—淮海中路—宝庆路道路交叉口”城市结点中，涉及该处道路范围的可以被具体化为两处，分别是 029 街坊淮海中路 1325 号百富勤广场前退界场地；028 街坊云海大厦退界空间及沿淮海中路自行车停车位，然后依次提出规划设计要求，在道路分册的第三部分中还将有针对性地提出示意性方案。此类重点部位，共计有 11 处，涉及 4 处城市结点。除此之外，还根据现状情况提出城市结点范围以外的重点部位 11 处。因此，作为接下来可以重点整治的部位，在宝庆路 - 衡山路的道路规划范围中共计 22 处。

第二部分导则和图则作为道路分册中的重要技术文件，包括街道公共空间平面导则、街坊沿街立面导则和地块 / 建筑沿街立面图则三个部分。街道公共空间平面导则（图 4-21 ）按照“通则一：公共空间”要求进行街道公共空间规划设计的总平面图，形成街道人行空间优化的导则。在表述现状可见要素的基础上，确定增补行道树和新增线性规整绿化带的位置和范围，以及四种不同类别的与街道人行空间相连的开放空间在公共空间中的具体位置和范围，从而达到按照通则的控制要求对于空间的整治和优化起到引导作用。同时，在这部分导则中还将第一部分梳理的 22 个存在显著问题和优化潜力部位明确标识位置，作为第三部分具体的规划设计要求和示意性设计方案的索引。

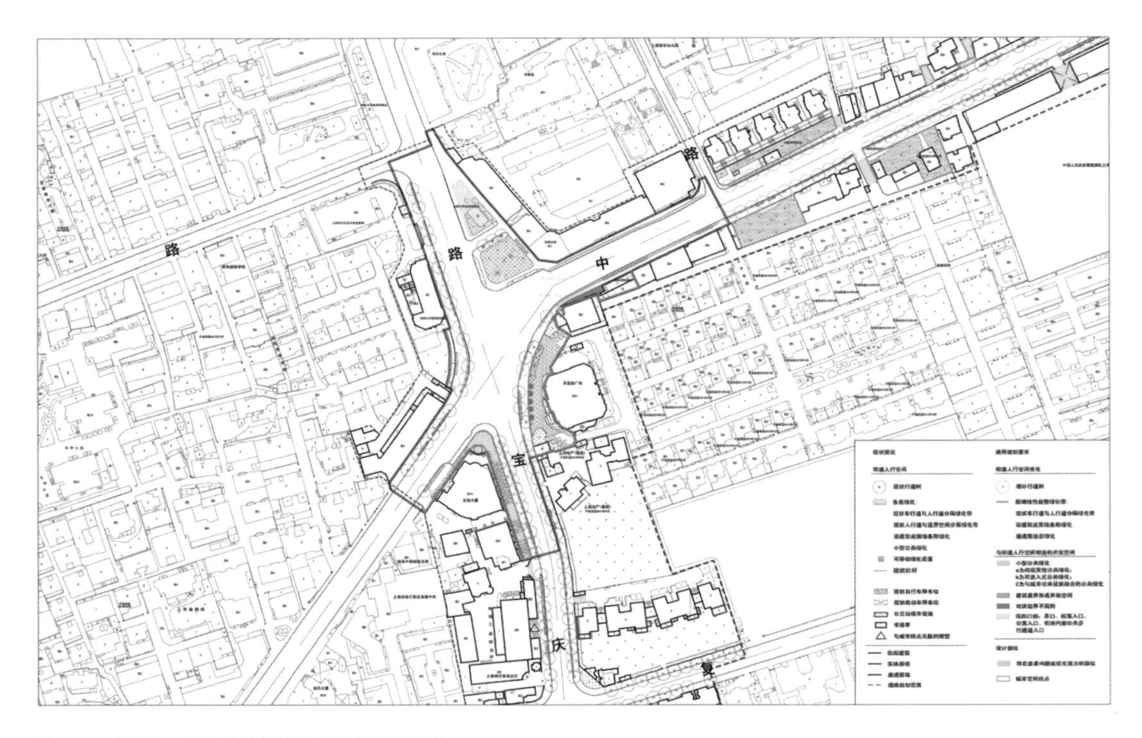

图 4-21　宝庆路—淮海中路街道公共空间平面导则

街坊沿街立面导则在中观层面控制街道空间的界面（图 4-22）。对于临街建筑开设商业店面，不涉及其他建筑，仅涉及历史建筑，具体确定方式包括：综合考虑建筑保护等级、建筑立面的特点和使用现状等各方面因素，建议部分保护建筑和保留历史建筑禁止开设商业店面；对于允许开设商业店面的保护建筑和保留历史建筑仅允许在图则范围内设置店面店招；对于允许开设商业店面的一般历史建筑，在保留特色建筑及围墙的立面、构件及风貌要素的前提下允许对建筑立面进行改造，但改造后的立面构图及店面店招形式与色彩应与历史建筑原状协调呼应。临街围墙及院落入口主要针对损毁严重、风格形式或材质色彩不协调、破墙开店等情况，对于确实损毁严重的一律按照原样式修复；新围墙或者院落入口，有确凿历史资料的按照历史资料设计，没有历史资料，在现状基础上重新改造，并与地块主体历史建筑风格形式与材质彩色相呼应；造型简陋、风格形式和材质色彩与风貌完全不匹配的，可以结合地块建设项目或沿街小型开放空间的整治项目重新改造设计。

地块 / 建筑沿街立面图则在微观层面对临街的历史建筑的主控立面提出整治和保护的控制要求，对所属地块沿街的商业店面、围墙界面及院落内沿墙绿化提出相应的控制要求和设计引导（图

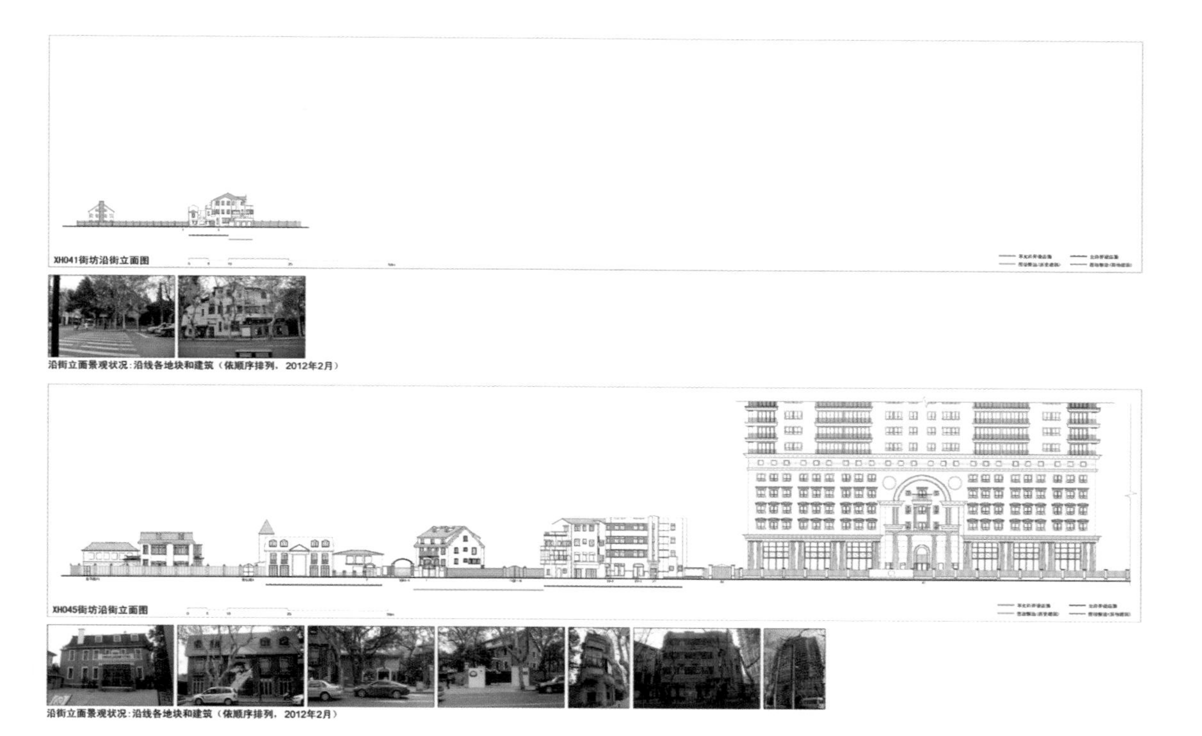

图 4-22　街坊沿街立面导则

4-23）。图则包括规划控制文字、图纸、照片、地块地形图四个部分。其中，文字对立面构图、商业店面控制、建筑材质与色彩、主控立面的保护重点主控立面的附加物控制、围墙与入口控制、与街道相关的绿化和现状突出问题等给予明确的规划控制规定；图纸包括原设计图纸、沿街立面现状图、沿街立面店招店牌范围控制示意图三类；作为以建筑或者地块为单位的、对于临街建筑界面整治活动的引导图则。

道路分册的第三部分是对于已经确定的 22 个存在显著问题和优化潜力的部位，以图示和文字相结合的方式阐述主要存在的问题或突出的优化潜力，并针对这些问题或优化潜力提出相应的规划设计要求，并且其视角更倾向于针对某一个具体的整治举措或者设计项目。为了更加直观地表达规划控制意图，还为一些有形式改动的部位提供了简明的示意性设计方案（图 4-24）。

4. 规划管理平台

前三部分的内容基本从技术层面完成了总体—控制要素—单条对象的规划及管理内容，针对更新过程的精细化规划及管理的

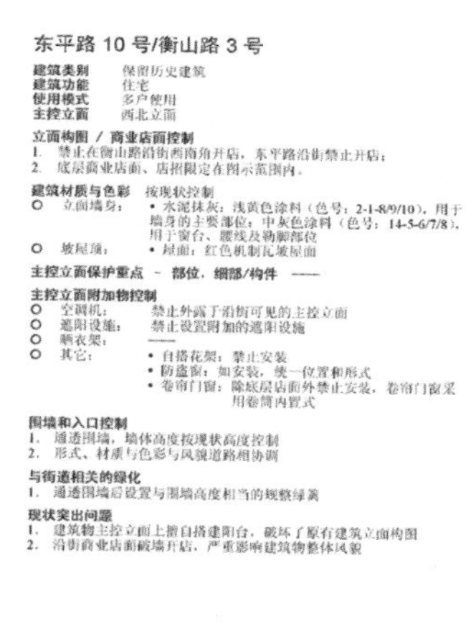
东平路 10 号/衡山路 3 号

建筑类别　保留历史建筑
建筑功能　住宅
使用模式　多户使用
主控立面　西北立面

立面构图 / 商业店面控制
1. 禁止在衡山路沿街西南角开店，东平路沿街禁止开店；
2. 底层商业店面、店招限定在图示范围内。

建筑材质与色彩　按现状控制
○ 立面墙身：　• 水泥抹灰：浅黄色涂料（色号：2-1-8/9/10），用于墙身的主要部位；中灰色涂料（色号：14-5-6/7/8），用于窗台、腰线及勒脚部位
○ 坡屋顶：　• 屋面：红色机制瓦坡屋面

主控立面保护重点 － 部位，细部/构件　——

主控立面附加物控制
○ 空调机：　禁止外露于沿街可见的主控立面
○ 遮阳设施：　禁止设置附加的遮阳设施
○ 晒衣架：　——
○ 其它：　• 自搭花架：禁止安装
　• 防盗窗：如安装，统一位置和形式
　• 卷帘门窗：除底层店面外禁止安装，卷帘门窗采用卷筒内置式

围墙和入口控制
1. 通透围墙，墙体高度按现状高度控制
2. 形式、材质与色彩与风貌道路相协调

与街道相关的绿化
1. 通透围墙后设置与围墙高度相当的观赏绿篱

现状突出问题
1. 建筑物主控立面上擅自搭建阳台，破坏了原有建筑立面构图
2. 沿街商业店面破墙开店，严重影响建筑物整体风貌

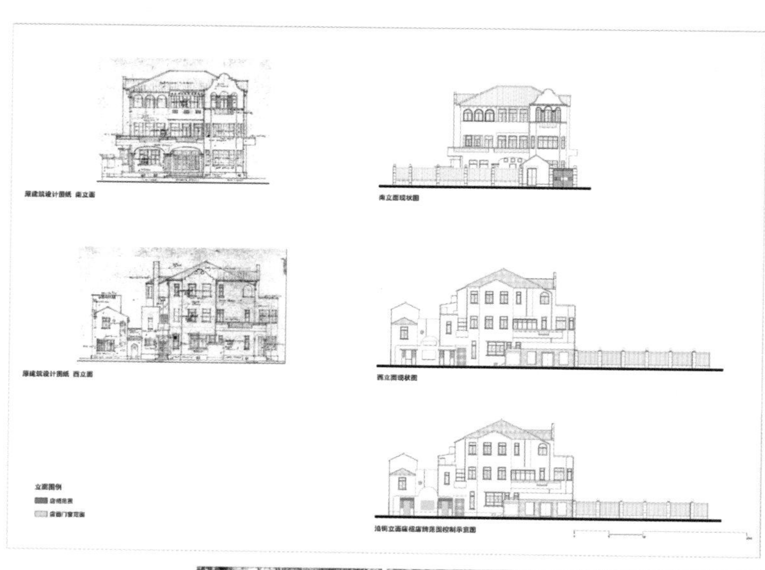

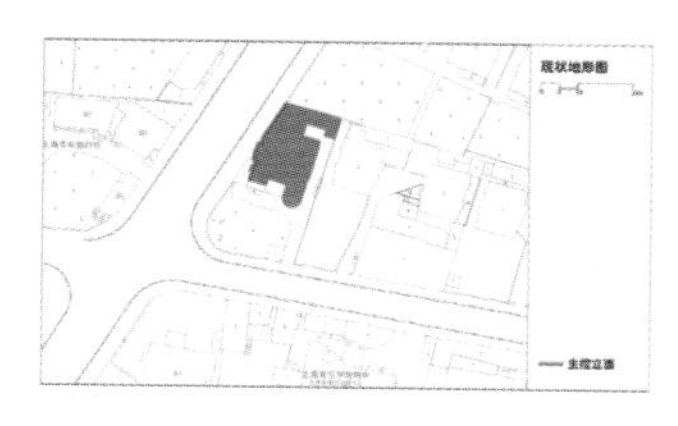

图 4-23　地块 / 建筑沿街立面图则

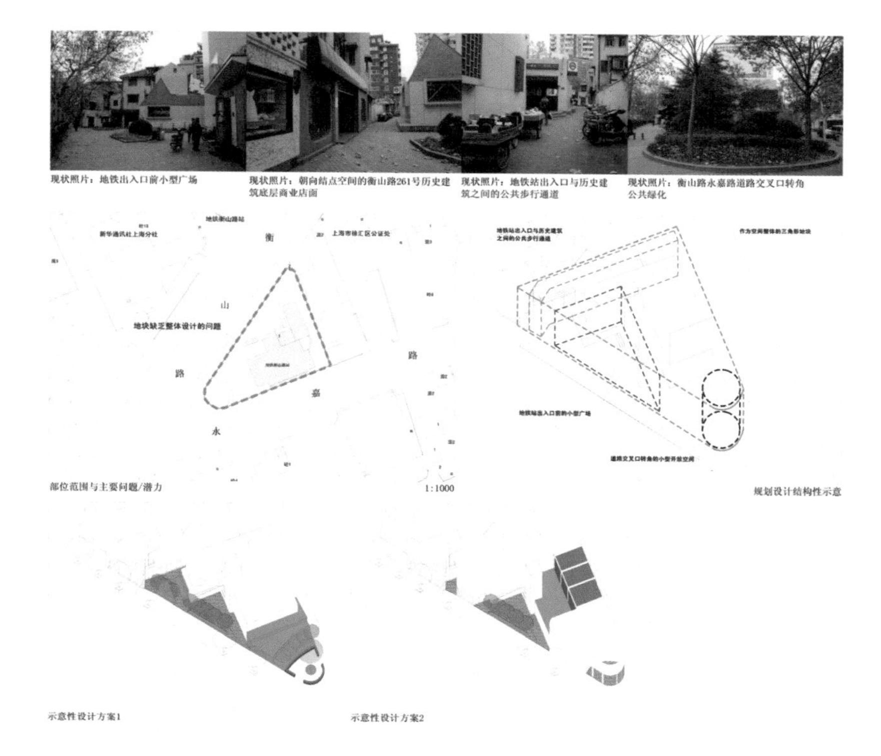

059街坊地铁出入口及周围三角形开放空间

（一）现状问题或优化潜力

1-地铁站出入口构筑物、可移动式公厕与街道转角处的小型公共绿地之间缺乏整体设计。

2-地铁站出入口构筑物的建筑形式和风格与历史风貌缺乏呼应和协调。

3-衡山路261号历史建筑立面朝向城市结点的底层商业店面店招与历史风貌不相协调。

4-连通衡山路与永嘉路的公共步行通道设置了自行车停车位，现状消极使用，缺乏功能定位。

5-衡山路永嘉路街道转角处的公共绿地植株种类繁杂，缺乏规划设计。

6-地铁站出入口构筑物顶部的巨幅广告牌对街道景观和历史风貌存在消极影响。

（二）规划设计要求

1-应将该三角形地块作为一个整体设计，重点关注三个独立的开放空间（地铁站出入口前的开放空间、连通衡山路与永嘉路的公共步行通道、街道转角的公共绿地）的整治和优化设计问题，使这三处开放空间既相互呼应又各具性格：

1）地铁站出入口前面向衡山路的开放空间：应当明确人行空间与开放空间之间分隔界面，强化其连续性，并结合各类景观性或功能性要素进行整体设计。

2）连通衡山路与永嘉路的公共步行通道：禁止自行车停车，保持通道的线性特征，优化通道两侧的围墙和建筑界面，尤其应当处理通道口部与衡山路街道人行道之间的关系。严格按照衡山路261号地块/建筑沿街立面图则的规划控制要求进行店面店招整治，并建议在重新设计地铁站构筑物时沿通道至衡山路地块边界增加商业功能，与衡山路261号历史建筑底层的商业店面共同强化通道的线性结构特征。

3）衡山路永嘉路街道转角处的公共绿地：应当结合绿化、座椅、铺地、路灯和构筑物等各类功能性或景观性要素，将其作为一个对城市结点空间（而不仅是单纯的公共绿地）有积极作用的可进入空间进行精细化的场所设计。

2-在现状的基础上重新设计地铁站出入口构筑物，增加能够补充或提升该区域城市生活品质的功能，取消顶部的巨幅广告牌，使其建筑风格、形式与邻近历史建筑相协调，与城市结点的风貌特征及重要性相匹配；取消现状可移动公厕，在重新设计的地铁站出入口构筑物中增设公共厕所功能。

（三）示意性设计方案

方案1：着眼于近期整治，除了一些必要的硬性整治举措，如商业店面整治，以及取消广告牌和可移动公厕等，该方案致力于以绿化、铺地和街具等软性要素为主要整治优化手段的场所环境设计。

方案2：在环境整治的基础上进一步着眼于长效优化，在可能的条件下，增加有利于该区域功能结构优化和社区品质提升的建筑功能，与原地铁站出入口构筑物统一考虑，整合设计。

图 4-24　存在显著问题和优化潜力的部位的规划设计

目标，以及历史街道在更新过程中所面临的问题，在前三个部分的基础上，提出关于规划管理平台的建立，该部分并不是技术文件的组成，但是长效精细化管理的重要支撑。

精细化管理过程中目前面临的主要问题是严重缺乏系统的可使用的历史和现状基础资料档案，因此经常使得道路的更新行为变成为实施项目做的一个一次性使用的设计方案，或者是为一项拉条式整治内容进行的一次性设计方案，而不具有长效的延续性，这也是想要达到精细化目标需要解决的最主要的问题。解决的路径应该从精细化管理所必需的基本、客观的资料建设入手，以基础资料为依托和参考，确保今后实施项目设计的基本质量和正确方向。这就需要对风貌区风貌道路进行全面系统的基础性研究和资料汇整工作，并将资料建立成为系统的信息库，以供相关管理部门资源共享。并且该信息库不是一次性建成的，而是可以不断地在原有基础上充实的，部分内容还可以根据实际更新情况的变化而调整。这一系统的基础资料信息库就是规划管理平台。该平台主要包含五个方面的内容：

基础平台（一）街坊沿街立面图

包含所有道路两侧街坊沿街立面，以街道为单位按顺序编排，为街道沿线店面、业态、建筑立面、围墙和入口整治等政府主导的实施或管理工作提供基础性技术文件（规划或实施管理工作底图），是今后街道沿线建筑立面保护管理和整治工作实施的重要基础信息。

基础平台（二）与街道人行空间直接相关的沿街现状立面照片

各道路建立夏、冬两个版本的沿街现状立面照片记录，参照统一规定的模式进行拍照、进行照片资料库的整理，并制作沿街立面照片索引册，全范围按照规定模式汇总，为人行空间品质提升和店面整治两方面工作提供依据。

基础平台（三）存在显著问题和优化潜力部位

将各条道路分册中“存在显著问题和优化潜力部位”汇总，作为今后政府主导的街道沿线公共空间整治实施工程具体小项目的来源，并且在区域整体范围内的汇总使各个问题或潜力点的规划设计要求更加科学明确，便于政府部门根据总体情况制订逐步整治实施计划。

基础平台（四）历史建筑原设计图纸汇编

对范围内所有保护建筑和保留历史建筑进行系统的历史图纸查档和整理工作，形成系统的资料汇编，成为历史建筑立面管理的重要依据和参考资料。

基础平台（五）历史研究报告

全面梳理研究区域的城市道路发展脉络，明确近代形成的城市街道文化和建筑特点，总结其历史价值。通过整体深入的基础研究，实现对各条风貌保护道路的文化景观定位、空间特色定位、发展结构定位和城市发展演变中的角色定位，为实施保护规划干预提供依据。

在徐汇区案例中，可以看到，基础平台中的相当一部分内容其实是已有规划内容中基础资料的提取和汇编，比如街坊沿街立面图、沿街立面现状照片、存在显著问题和优化潜力的部位等（图4-25），用以作为今后精细化规划和管理的依据。历史建筑原设计图纸汇编采取索引分区的形式（图 4-26），将区域内可以查找汇编的历史图纸经对比筛选，按照序号成册。这部分内容将成为今后区域更新和振兴的重要资料，并不仅仅对于街道空间的整治和优化而言。

历史研究报告是整体规划框架的理论支撑，同时也是今后其他相关整治活动在定位、特色分析等方面的重要依据，报告框架如下:

图 4-25　存在显著问题和优化潜力的部位平面示意图

图 4-26　历史建筑图纸分册索引图

第一章　风貌道路形成与城市化过程

一、总体概述

二、自然地理背景

三、区内法租界道路规划

1.1900 年界外路道路规划

2.1914 年的道路计划

3. 道路等级与道路边线的确定

四、区内道路辟筑和城市化过程

1. 早期越界筑路

2. 城市建成区的扩展过程

五、基础设施建设

1. 下水道排水系统

2. 自来水管道

3. 电灯、电话设施

4. 公共交通

六、法租界市政建设管理

1. 管理机构

2. 施工管理

3. 道路保洁和养护

4. 路名管理

第二章　建筑品质与风貌

一、总体概述

二、旧式里弄建筑

三、新式里弄建筑

四、花园住宅建筑

五、公寓建筑

六、法租界建筑管理

1. 建筑区域规划管理

2. 整顿及美化法租界计划

3. 其他配合管理

第三章　历史与人文

一 . 总体概述

二 . 重要历史事件

三 . 名人故居

四 . 各国使馆

五 . 科研单位

六 . 宗教机构

七 . 文化机构

八 . 医疗机构

九 . 教育机构

十 . 商业

十一 . 工业历史

十二 . 历史居民点

第四章　历史道路风貌特征

一、区内历史道路整体风貌特征

1. 总体概述

2. 道路风貌特征形成的历史内因

二、区内历史道路分类风貌特征

1. 分类的目的与依据

2. 城市轴线型道路

3. 区域联系型道路

4. 片区主轴型道路

5. 邻里街坊型道路

附件

第一部分　历史信息表

第二部分　历史地图

第五章

21 世纪以来历史街道的规划与管理实践

作为 21 世纪以来具有阶段性代表的历史街道的规划与管理案例，本章选取了南京路、多伦路、武康路、绍兴路和岳阳路 5 个实践案例。

第一节　南京路

1. 设计背景

图 5-1　1996 年南京路步行街全景

20 世纪 90 年代，作为上海当时最繁华的商业街，每天超过一百万客流量的南京东路购物环境日趋拥挤恶化，人车混流使环境品质问题更为突出 。为此，经过 1992—1994 年一轮初级改造，1995 年 7 月，南京东路开始试行周末步行街，为全时段步行街的设想先行试水。这一举措不仅使人流活动量增加了三成，南京东路的商业零售额亦增加了 90% 。为了进一步“把南京东路建成具有国际水平的步行商业街”，黄浦区政府首先对于南京东路地区交通组织进行了重新调整，比如将九江路拓宽以分流南京东路的公交车流，将天津路（四川中路至浙江中路）辟为二机一非，以分流南京东路的社会车流，为南京东路改建为全天候步行商业街创造了先决条件。

1998 年，上海市政府决定建设南京路步行街，在黄浦区人民政府的主持下成立了南京路步行街专家组，进行建设方案国际咨询，最终确定以法国夏氏建筑师联合事务所—巴黎拉德方斯发展公司的设计方案构思为主，由南京路步行街设计组结合实际情况进行深化和细化设计，同时，上海市商委和黄浦区政府对步行街的商业结构和功能进行调整。

2. 风貌及空间特征

1865 年由上海工部局命名的南京东路，有 100 多年的历史。它的前身是“花园弄”，直到 1870 年，南京路还是一条小道。南京路记录了中国近代历史的变迁，这里有第一批煤气路灯、第一批自来水用户、第一盏电灯、第一项道路排水工程、第一条有轨电车线路、第一家公共菜场、第一幢摩天大楼等，都源出于南京路。

从南京东路外滩至西藏南路，全长 1599m，是上海市最繁华的购物街，素有“中华第一街”的美誉。沿街建筑林立，众多享誉海内外的名特专业商店都在这漫长的历史演变中，积聚在这条大街上。尤其是 1917 年开始，先施公司（1917）、永安公司（1918）、新新公司（1926）和大新公司（1936）

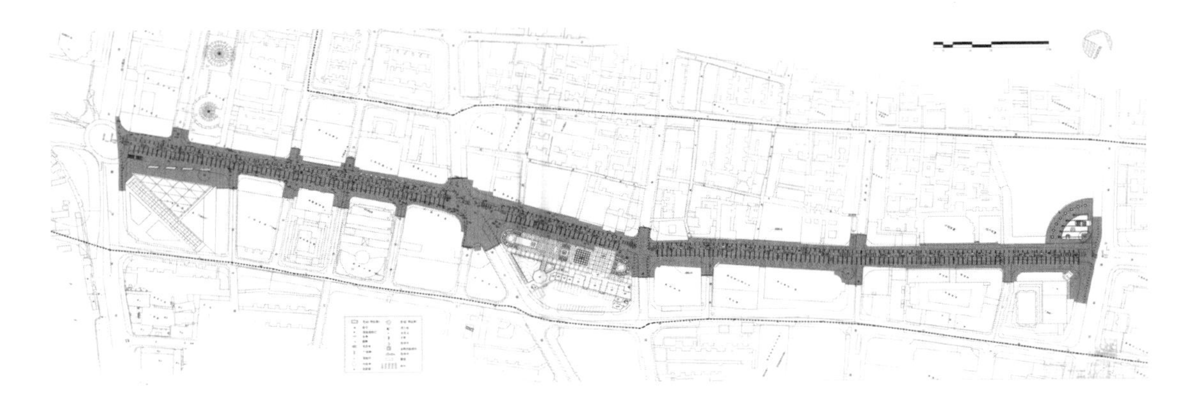

图 5-2　南京路步行街总平面图

这四大公司陆续开张，开创了中国的近代大商业。这四大公司，以及和平饭店（原沙逊大厦）、和平饭店南楼（原汇中饭店）、嘉陵大楼、原福利公司大楼、美伦大楼、永安公司新楼以及中国建筑师庄俊设计的慈淑大楼（今东海商都），都已列入上海优秀近代保护建筑。南京东路是上海典型商业风貌的历史街道代表。

3. 主要设计内容

南京东路步行街的设计指导思想是以“人的活动”为根本，以南京东路所特有的“城市空间”和“历史文脉”作为核心。针对南京东路的特点，提出了设计的五个原则：象征性原则、简洁性原则、标志性原则、商业性原则和人本性原则。

象征性原则：指南京东路是上海的社会和经济繁荣的象征，也是上海城市的象征。作为步行街，改造后的南京东路应当成为上海作为国际大都市的标志，延续城市的文脉，在传统的基础上创造具有时代特色的海派文化。

简洁性原则：指南京东路十分繁华，已经有太多的视觉刺激。在新的城市设计中应当以少胜多，力求简洁明快，加强连贯性、统一性，在统一中求变化，强调对比，以突出高格调的空间特质。设计中要求整治广告，除去一切妨碍和影响步行者行为的构件。路面铺筑上也十分简洁，强调整体性。

标志性原则：指在南京东路步行街的设计中要增强领域感和场所感，设置多种空间识别体系。在重要的结点和重要地段

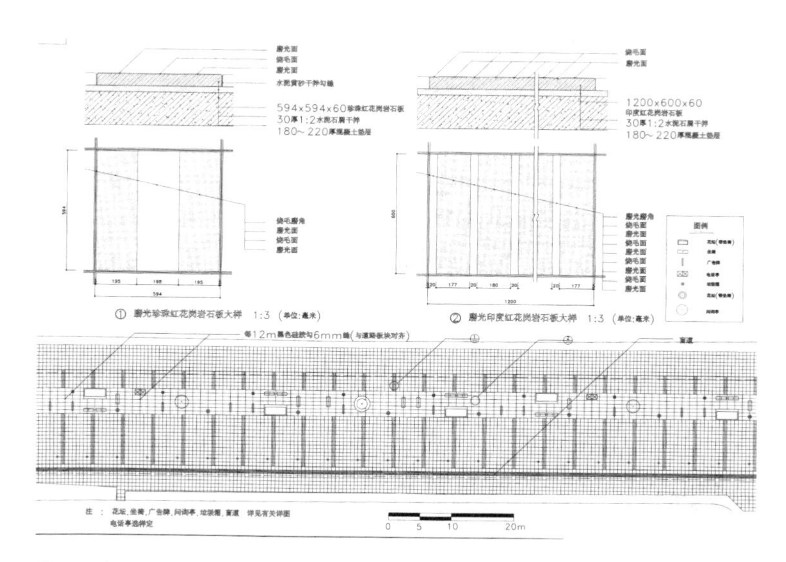

图 5-3 标准段平面图

布置具有识别性的建筑物和构筑物、香樟树、城市小品如喷水池、花坛、钟塔等。另外，将上海历史上著名的新老建筑、城市景观等以装饰性的图案再现在“金带”上的 37 个窨井盖上，使人们可以追寻历史的文脉。

商业性原则：指南京东路步行街的设计应当服务于商业活动，创造良好的休闲和购物环境，提高步行街的舒适性。为沿街商业建筑的有机生成，表现原创性和丰富性提供空间。

人本性原则：指南京路步行街的设计应当使步行街成为购物者的“天堂”，让每天来这里的百万游客全天候地感到这是以人为主体的环境，免受交通的干扰。为游客提供问讯、通讯、休憩、售报、卫生方便、废物丢弃等设施。增加种植了上百棵树木，让夜晚放射出流光溢彩，让人们有一个观赏南京路步行街全景的场所等。

具体实施主要从点、线、面三个层面进行操作：“金带”贯穿始终，并根据功能需求布置结点，设置广场。

横断面采用一块板设计，取消上、下街沿。宽度按照两边建筑距离确定，最宽 30 米，最窄 18 米。道路中心线偏北 1.3 米处设置的 4.2 米宽的“金带”，自然将步行街分成动静两区。凡在“金带”以外的范围均属于流动性区域，尽可能中性化处理，排除一切可能形成的障碍，保证开敞流动的空间，便于两个方向人流自由穿梭。“金带”上是静态休息区域，为行人提供服务设施，设置环境小品，包括问讯处、电话亭、售报、售货亭、花坛、废物箱、路灯、座椅及广告牌等，观光者可以驻足休憩。“金带”南侧也是供观光和礼宾用的车道。

地面采用三种硬质铺装。“金带”铺设 4 厘米厚的磨光印度红花岗岩石板，色彩强烈，可见性强，表面光亮，夜晚可折射两边灯光。步行流动区铺设暖灰色火烧面花岗岩，仅用 3 厘米宽缝的方式留出雨水排水沟。南京东路与南北向需通行机动车的道路交叉口则铺设花岗岩，形成“石块路面”，标高与步行街取平，设置花岗石球形路障与地灯，提示过往车辆减速避让行人。

根据标志性原则，步行街设置了一些结点空间，包括河南中路、福建中路等重要路口和宝大祥及万象商都门口共种植 7 棵大型香樟树，分散在“金带”之外，提示步行空间，与各地段建筑物一起构成鲜明的场所标志形象。作为“面”的结点空间包括步行街的东西两端，河南中路和西藏南路入口广场，以及步行街中部的“世纪广场”。

图 5-4　窨井盖详图

4. 实施行动

作为中华人民共和国成立 50 周年献礼，南京路步行街的工程工期非常紧张，市区政府给予的极大支持与关注成为重要的保障，包括协调各市政工程、交通、电力、供排水部门之间的矛盾；统筹商业、文化、市政、公安、交通、电力、供水和排水部门以及施工单位之间的合作；工程的施工上，从材料的订货、加工至施工、养护保证较高的品质等。值得一提的是市商委与区政府积极进行商业结构的调整以适应商业业态的变化，这一切都为南京东路步行街的成功发挥了决定的作用。

（本案例资料来源：同济大学建筑设计研究院（集团）有限公司）

第二节　多伦路

1. 规划背景

多伦路历史街区位于上海市北部，虹口区山阴路历史文化风貌保护区范围之内，北邻虹口公园及虹口体育场，西靠轻轨明珠线，南倚俞泾浦及建设中的地铁 M8 线。整个街区规划用地 22.6 公顷，地块内含有大量重要历史文化遗迹，在整个上海市具有极其独特和重要的地位。

多伦路一期工程建设了具有一定影响力的多伦路文化名人街，对多伦路历史街区的整体发展提出了更高的要求。为了满足四川北路的整体改造及虹口区对旅游、商业、文化事业的发展要求，以多伦路一期环境提升为触媒，促进商业、旅游业、文化休闲业的迭代升级，有必要对多伦路历史街区内富有的文化资源进行挖掘和整合，将城市更新、商业结构优化、城市历史风貌及文化遗产的保护有机统一起来。2007 年，对于街区进行了本规划研究。

2. 现状特征与问题

1）建筑形式多样，历史遗存丰富

街区内住宅建筑形式较为多样，既有大量不同时期的里弄，花园洋房、别墅、又有 1949 年后新建的多层、高层住宅，也有海伦西路沿线的棚户住宅。文化和商业建筑的形式既有沿多伦路两侧，保留改建的历史建筑，也有沿四川北路一侧的多层、高层商业建筑。地块内保留有一批建筑质量较好的文保单位和优秀历史建筑，包括孔公馆、白公馆、中国左翼作家联盟成立地点等文保单位，以及上海纺织干部活动中心、鸿德堂等优秀历史建筑。区内同时也包括多伦路名人文化街、秦关路这样较具特色的步行街道空间，以及沿四川北路的连续商业界面。但街区内建筑质量参差不一，部分历史建筑亟待修复与保护。

2）多伦路文化名人街初具形态

多伦路一期工程通过保护沿多伦路两侧的主要历史建筑，修缮故居及引进新的文化休闲功能，如钱币博物馆、文物商店、

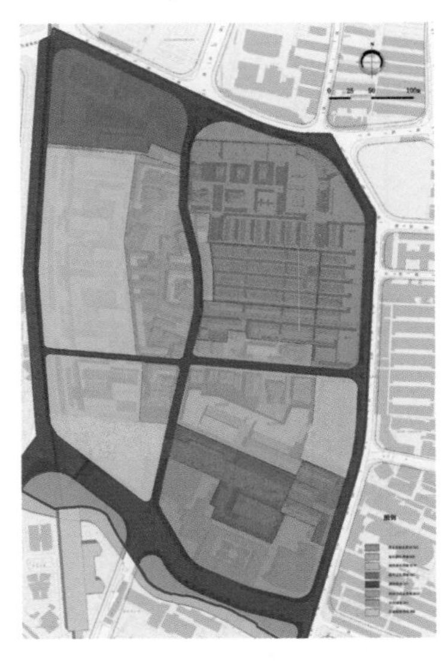

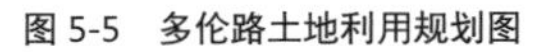

图 5-5　多伦路土地利用规划图

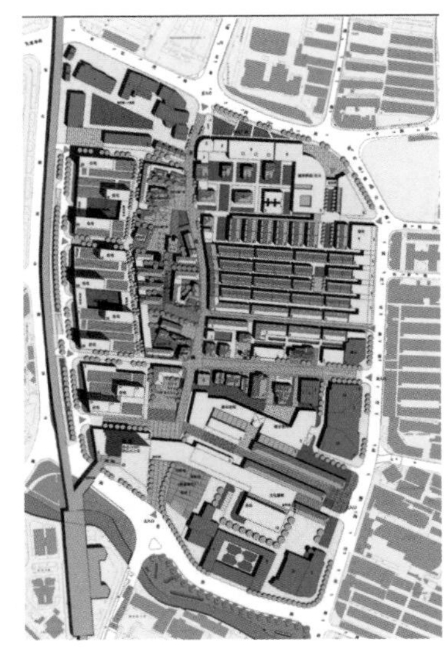

图 5-6　多伦路规划总平面图

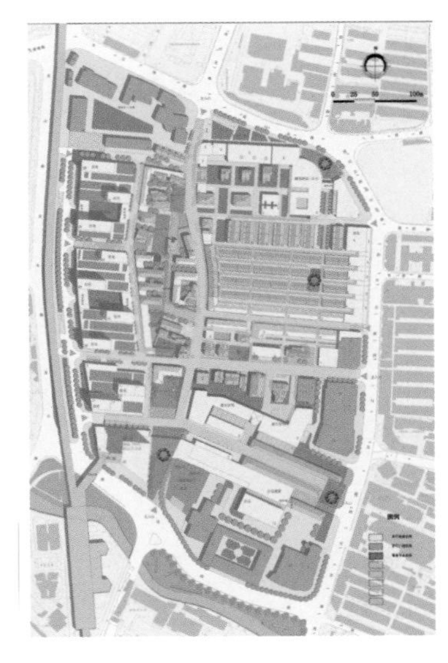

图 5-7　多伦路公共空间系统分析图

咖啡馆、书店、酒店等，已形多伦路文化名人街，再现了历史风情，成为文博休闲及都市旅游的景点，但整个街区的整体氛围还不够协调。

3）道路交通体系不够完善

多伦路为 L 字形，是进入街区的主要步行道，但区内其他的道路与城市干道的节点都不够明确，因此对整个人流及交通流线的组织不尽人意。尤其是 L 形的多伦路拐角处，迅速转入秦关路和横浜路两条聚集自由商贩的低等级道路，交通组织不清晰，空间体验不好，对多伦路营造文商旅整体氛围带来一定的影响。

4）缺乏街区的整体组织与渗透性

在功能布局上除了多伦路沿街建筑成为线形的景观流线外，活动内容的拓展不够，造成街区向内的纵深感不足；同时，旅游与城市识别系统不清晰，街区内富有文化历史价值的“点”相对散乱，缺乏整体组织，造成历史文化价值体验的缺失。由于物业管理的封闭性，整个街区路径阻断，缺乏街区的空间渗透性。

5）公共空间的层次不够明确

街区的公共空间主要集中在多伦路沿线，缺少层次递进，城市肌理类型丰富有余、秩序不足，除地块东北片整齐的永安里等里弄和东南角的柳林里、麦拿里外，整体处于混杂的状态，优秀的历史建筑淹没其中。20 世纪 80—90 年代建造的高层建筑，及地块南面的泵房等新建建筑对整个街区的历史风貌影响较大。街区内缺少绿化，公共开放空间体系也缺乏系统性特征。

6）商业活力不足

商业活动沿多伦路、四川路呈线性发展，商品层级较低、活力不足。而街区内部与四川北路联系不足，住宅区环境质量和基础设施配套薄弱。

3. 规划目标及策略

多伦路历史街区众多的历史遗存，显示出她在历史和文化领域中的重要性，是山阴路历史文化风貌保护区中历史、文化和艺术不可分割的组成部分。城市更新应延续这一传统，并通过建成环境与社会系统的有机更新，提供高品质的空间环境、稳固的经济基础，促进地区繁荣。

从规划目标上，多伦路历史街区应保持和发展街区固有的文化特色和空间格局，坚持立足于丰富的历史文化内涵，通过对其进行保护、发掘、完善，充分激发其文化附加值，引入多元化的文化活动进行复合开发，将街区发展成为上海市集文、商、旅、居多功能于一体，共享、开放的文化时尚中心。

从规划策略上，应保护地区内的文保单位与优秀历史建筑，适当保留对延续地区历史风貌有价值的历史建筑及建筑符号，进行有机更新；新建建筑群在具有时代性的同时，在高度和体量上应考虑与地区原有历史风貌和建筑肌理的协调；通过环境品质的塑造提高土地价值，改善人居环境，形成富有特色的文化、商旅宜居街区。

规划策略的实施路径包括：以保护建筑和建筑群为主体，完善其空间形态，形成合理的组团和街区特征；调整空间组合结构，建立公共空间层次和体系，提高建成环境的品质；引进新功能，增强复合发展，焕发街区活力。

4. 主要规划内容

布局结构上，街区分为 7 大区块，共计 20 个次级地块，除了西北角和东南角的市政和其他单位用地外，其他五部分分别为：

沿四川北路商业改造带、里弄改造更新区（以拉摩斯公寓、孔公馆、白公馆、汤公馆、丰乐里、永安里、柳林里等保护保留改造建筑为主）、多伦文化核心区（包含鸿德堂以南的文化博览内容）、地块南部办公综合区、沿宝山路沿线为混合开发带（商业和居住）。

五大区块在功能配置上规划为：

（1）多伦文化核心区：以纪念性的文化历史展示空间为主线，间以各种不同的辅助性休闲功能。

（2）四川北路商业改造带：主要设置不同档次的商业，不追求大体量大空间，保持原有的小开间大进深模式，并通过增加的底层通道吸引人流进入地块内部。

（3）宝山路沿线混合开发带：布置以住宅为主的新建建筑，底层沿街设置商业服务设施。

（4）办公综合区：架空部分作为文化交流展示空间，西侧大体量则集中布置文化娱乐为主的功能空间，东侧延伸段作为商业与文化展示的融合段，通过有机的组合创造富有生气的功能条带。作为地标的超高层则为商务综合用途。

（5）里弄改造更新区：柳林里、麦拿里、丰乐里、永安里及其南部改造为 SOHO 模式的商住、商业空间，并增设酒吧休闲一条街，多伦路沿线灵活穿插餐饮、文博、展示等各种不同功能。

（本案例资料来源：同济大学建筑与城市空间研究所）

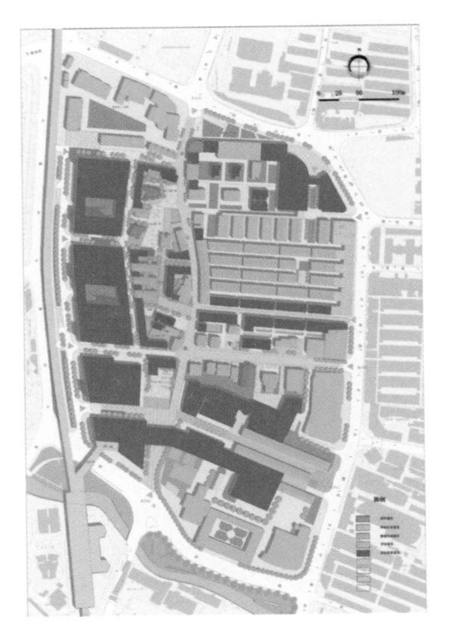

图 5-8　多伦路建筑改造分类图

图 5-9　多伦路规划模型

第三节 武康路

1. 规划背景

2007 年初至 2009 年底，作为上海风貌保护道路保护规划编制的试点，也作为徐汇区政府“迎世博三年行动计划”实施工作的重要组成部分，徐汇区对武康路沿线进行了修建性详细规划层面的保护规划，并依据保护规划实施了保护性整治工程。

2. 风貌及空间特征

1）上海近代法租界高级花园住宅地区城市道路的典型

武康路辟筑于 19 世纪末，是上海近代法租界西区内历史最久远的城市道路之一，道路形式及沿线于 20 世纪 30 年代基本完成。作为上海近代法租界花园住宅地区的代表性路段，武康路在街道线形、空间尺度、沿线建筑、绿化、街道界面和文化特征等方面具有法租界高级住宅地区城市道路的共性特征，体现了上海近代高级住宅地区的建筑、环境、人文和城市空间品质。首先，道路线形自然蜿蜒，道路红线宽度规整划一，街道空间感十分明确，尺度宜人；其次，道路两侧规整种植的梧桐行道树构成了街区风貌中最重要的景观要素；再次，道路沿线建筑以花园住宅和公寓为主，风格多样，各有特色，建筑整体品质高；最后，居住人口和建筑密度低，整体环境安静优雅。

2）在街道景观和街道空间方面，与所在的特色区域融为一体

上海近代租界中南北向道路相对不发达，而武康路在 1100 米长度上由北向南联系了华山路、安福路、五原路、复兴西路、湖南路、208 弄街巷、泰安路和淮海路共八条道路（街巷）。因此武康路所在区域在街道景观和街道空间方面的融合度很高，在与其他风貌保护道路相交的道路交叉口处，整个区域的景观特点和城市空间特点体现得十分明显，形成既体现街道特点又反映所在区域特征的空间结点。

3）由于道路线形和走向，街道景观特征明显

武康路道路线形整体呈不规则弧形，有三个比较明显的方

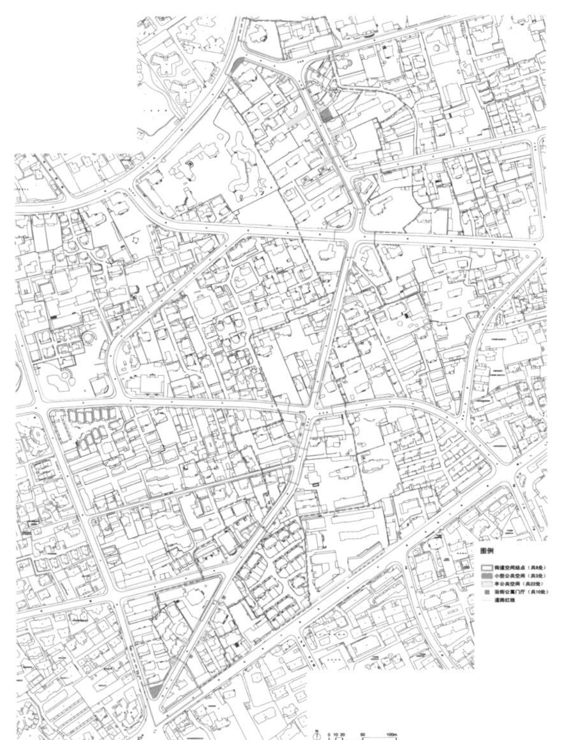

图 5-10　武康路控制要素——街道空间

图 5-11　武康路近期整治内容示意图

向转折点，且沿线半数建筑物和庭院的定位轴向与道路方向斜交，由于道路转折和“斜交”的原因，武康路道路景观与周边风貌道路的街道景观有显著区别，变化比较丰富。

4）与近代时期相比，现状街道空间层次更丰富

由于街道空间结构的变化，在多户居住的花园住宅或多层住宅地块的出入口（弄口）处形成半公共空间，并且在道路交叉口由于新建建筑退界或道路转弯半径扩大，形成道路沿线小型公共空间。在与其他风貌道路的交叉点所形成的结点空间，是所在区域风貌品质和景观丰富性的最佳位置。并且位于街坊转角部位的建筑，尤其是近代公寓建筑，往往采取突出转角的建筑处理方式，因而在道路交叉口部位的街道景观比标准段部位往往更具有特色，并且各个交叉口特色各异。

3. 主要规划内容

武康路风貌保护道路保护规划（城市设计及修建性详细规划）对于武康路的功能定位为：

1）沿线以高档居住功能为主体

武康路及周边街区是上海近代法租界的高级独立式花园住宅区，这种功能定位决定了这一地区的建筑风格特征、城市空间尺度特征、安静优雅且不受商业氛围干扰的环境品质，进而产生丰富的人文和历史底蕴。由此，必须保持和延续武康路的高级居住区功能，其他辅助功能须以此为基础。

2）在少数限定地块兼有文化和特色商业功能

武康路沿线在近代时期曾驻有中国著名的科研和文化机构，并与许多近现代文化名人和文学作品由密切关系，应在限定地块内设置体现历史底蕴的文化设施和相关特色商业功能。

3）保持和延续高级办公功能

武康路沿线的部分近代花园住宅或公寓，自 20 世纪 30 年代以来，曾经或现状作为一些重要机构和公司的办公场所，由于这类机构或公司的特殊性、重要性和办公人数较少等因素，几乎所有这类机构或公司都不对外挂牌。因此，容纳办公功能的近代建筑从外观看，完全与武康路沿线的高级居住区氛围融为一体。这是武康路沿线在功能方面的一个历史特征，应保持和延续。

最终的成果由四个主体部分和两个附件组成，第一部分是总则，包含规划文件的地位、作用、范围划定、风貌特征、现状发展特征、主要面临的问题、风貌保护原则、功能定位、规划设计切入点、规划管理和规划实施等内容；第二部分是控制要素规定；第三部分是风貌保护图则；第四部分是近期整治内容、项目及设计方案。两个附件分别是历史研究报告和历史建筑原设计图纸汇编。

重点内容是控制要素规定以及图则两部分，也是规划控制的主要技术文件。控制要素根据现状调查情况分为街道空间、建筑、围墙和院落入口、绿化、铺地、材质和色彩、交通（停车和步行通道）、外露的市政管线和设备、商业业态和店面（含单位临街面）、广告牌告示牌和各类铭牌、照明、街具和公共艺术设施计 12 项，分别进行问题的分析、思路的梳理、设计的引导和近期实施的内容。风貌保护图则部分将控制要素的相关控制引导内容通过图则的形式确定，更利于对实施工作的指导，图则主要包括街坊平面图则、街坊立面图则、地块 / 建筑物沿街立面图则三个部分。

图 5-12　武康路街坊平面图则

近期整治内容集中在存在显著问题和优化潜力部位，包括位于空间结点的重点部位以及位于空间结点以外的重点部位，为配合工作的开展，再将整治内容进行项目分解，形成三类整治项目：按专项控制要素实施的整治项目（外露的市政管线和设备整治、绿化、铺地等）、建筑整治项目和环境整治项目，对于不同类型的项目进行相应的设计，达到指导工作的目的。

图 5-13　武康路保护整治工程中需要建筑师参与的局部整治性的小项目选例（先后情况对比）

4. 整治行动

在保护规划中提出了针对各相关管理部门的整治内容，形成实施项目建议清单，又经决策和管理部门稍作协调之后，形成正式实施项目清单。进而，针对不同类型项目，采取不同的技术引导办法，使实施项目能针对各自重点，确保达到规划预期，避免实施单位将改善民生、解决实际问题的工作都按照形象工程来处理，或者过度设计。选点和实施内容主要考虑公共空间和公共利益，集中在应由政府牵头实施的公共部位，并且与绝大多数居民生活环境改善直接相关，因而整治行动得到各方面的认同和关注。

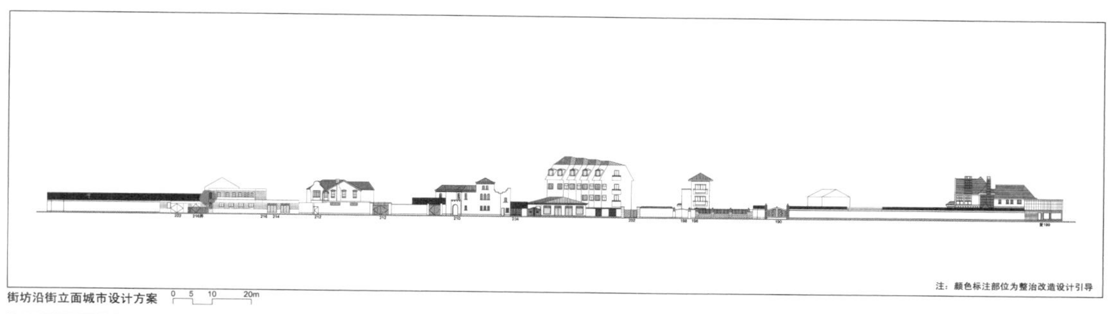

图 5-14　武康路街坊立面图则

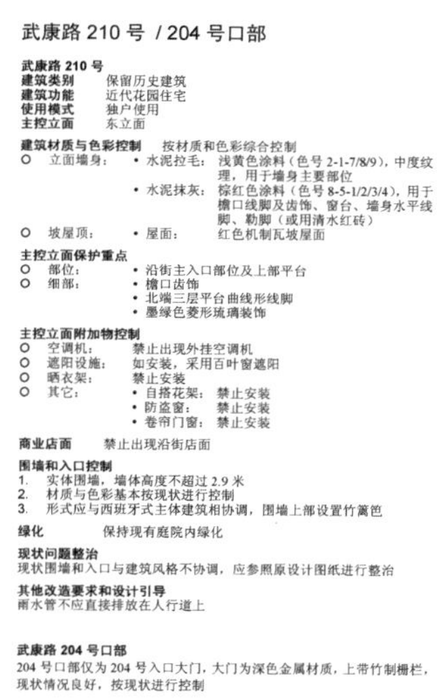

武康路 210 号 / 204 号口部

武康路 210 号
建筑类别　保留历史建筑
建筑功能　近代花园住宅
使用模式　独户使用
主控立面　东立面

建筑材质与色彩控制　按材质和色彩综合控制
- 立面墙身：
  - 水泥拉毛：浅黄色涂料（色号 2-1-7/8/9），中度纹理，用于墙身主要部位
  - 水泥抹灰：棕红色涂料（色号 8-5-1/2/3/4），用于檐口线脚及齿饰、窗台、墙身水平线脚、勒脚（或用清水红砖）
- 坡屋顶：
  - 屋面：红色机制瓦坡屋面

主控立面保护重点
- 部位：
  - 沿街主入口部位及上部平台
- 细部：
  - 檐口齿饰
  - 北端三层平台曲线形线脚
  - 墨绿色菱形琉璃装饰

主控立面附加物控制
- 空调机：禁止出现外挂空调机
- 遮阳设施：如安装，采用百叶窗遮阳
- 晒衣架：禁止安装
- 其它：
  - 自搭花架：禁止安装
  - 防盗窗：禁止安装
  - 卷帘门窗：禁止安装

商业店面　禁止出现沿街店面

围墙和入口控制
1. 实体围墙，墙体高度不超过 2.9 米
2. 材质与色彩基本按现状进行控制
3. 形式应与西班牙式主体建筑相协调，围墙上部设置竹篱笆

绿化　保持现有庭院内绿化

现状问题整治
现状围墙和入口与建筑风格不协调，应参照原设计图纸进行整治

其他改造要求和设计引导
雨水管不应直接排放在人行道上

武康路 204 号口部
204 号口部仅为 204 号入口大门，大门为深色金属材质，上带竹制栅栏，现状情况良好，按现状进行控制

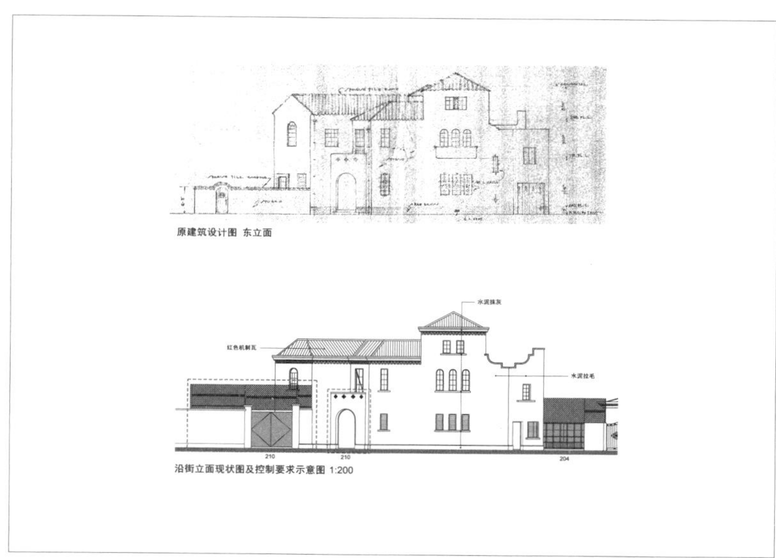

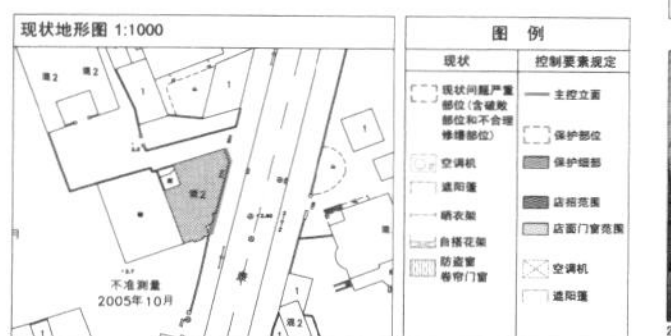

图 5-15　武康路地块 / 建筑物沿街立面图则

第四节 绍兴路

1. 规划背景

2007 年 9 月上海市批准了《关于本市风貌保护道路（街巷）规划管理若干意见》，明确提出应对其中的一类风貌保护道路编制历史风貌道路保护规划。在此背景下，同时考虑迎世博期间，配合卢湾区城市发展的总体战略目标，在新的城市社会经济发展背景要求下，编制了保护规划，在修建性详细规划层面上控制和指导绍兴路沿线风貌保护与建设。

2. 风貌及空间特征

1）上海近代法租界居住区域城市道路的典型

绍兴路位于法租界第三次扩张的范围内，在整个租界的偏东南方向，是处于高品质居住区边缘的一个典型居住区域。街区既能享受都市的繁华和便利的设施，又能闹中取静，也避开了房地产白热竞争地带，在当时有其特有的区位优势。

街道空间尺度宜人，两侧规整种植梧桐行道树，沿线建筑以花园及里弄住宅为主，建筑整体品质高，整体环境安静优雅。

2）浓郁的文化与艺术氛围

20 世纪 30 年代起，绍兴路因中华学艺社、明复图书馆等机构的入驻而增添了浓厚的文化气息；50 年代以后，多家出版机构如文艺出版社、上海人民美术出版社等陆续入驻绍兴路，街道的文化氛围得到了延续和发展；1996 年起，随着摄影家尔冬强进入绍兴路并开设汉源书屋以来，各种画廊、艺术品商店以及创意公司陆续入驻，绍兴路文化街的时代气息与都市品味已经开始蜚声海内外。

3. 主要规划内容

卢湾区（今已并入黄浦区）风貌保护道路环境整治规划对于绍兴路的功能业态定位为：

应延续并提升绍兴路沿线建筑的文化品位，增设部分文艺商

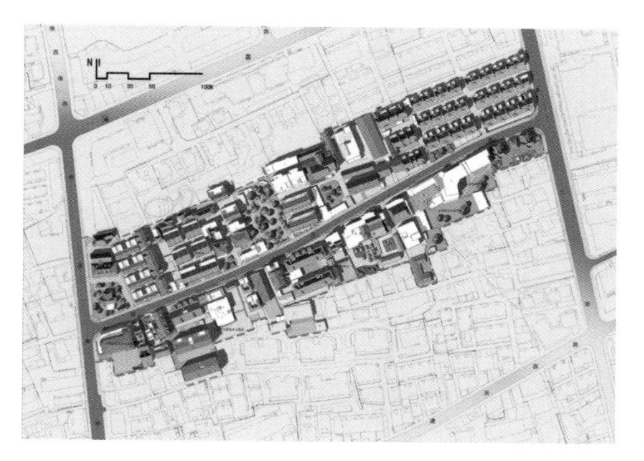

图 5-16

图 5-17

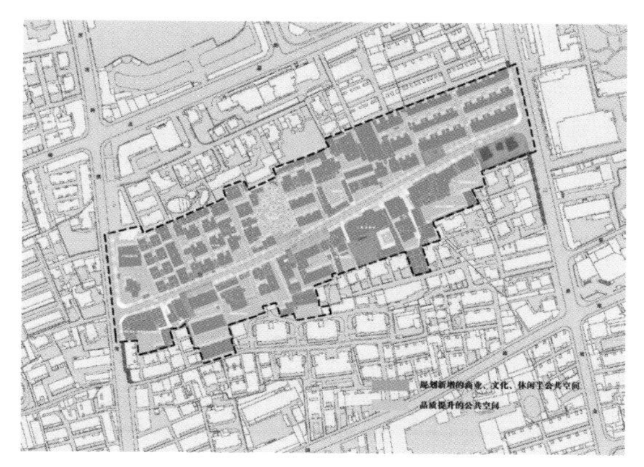

图 5-18

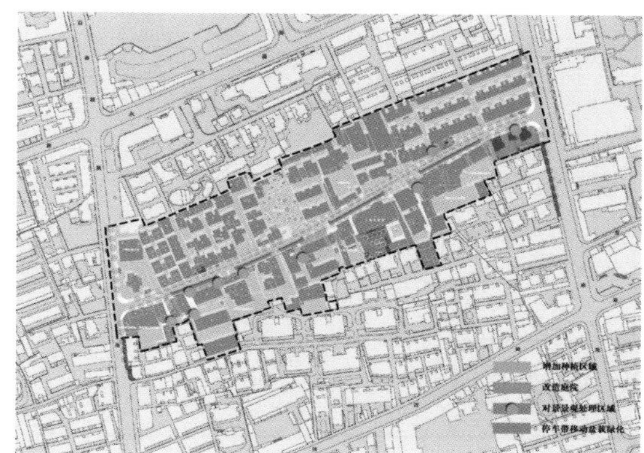

图 5- 19

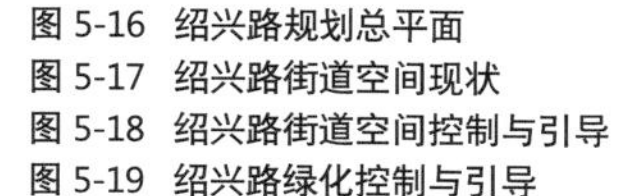

图 5-16　绍兴路规划总平面
图 5-17　绍兴路街道空间现状
图 5-18　绍兴路街道空间控制与引导
图 5-19　绍兴路绿化控制与引导

店、休闲茶座，同时对现状部分建筑的功能品质进行提升，形成浓郁和富有特色的文化街区；保留现有沿街商业界面，严格控制商业店面数量，除金谷村沿街部分居住功能置换为艺术画廊外，不再增设沿街商业店面，强化绍兴路文静书香的整体氛围；严格规定商业店面沿街立面范围，禁止扩大店门的立面范围、通透门窗洞口范围和规定的可设置店招牌的范围；规定的店面立面范围内，所在建筑物立面墙体的材质和色彩必须遵守风貌保护图则中的相关规定，不得随意改动。

规划成果由三部分组成，第一部分为文本，第二部分为说明书，第三部分为管理控制图则。前两个部分就总则和分则两部分做出相应规定和解释，总则包含规划的地位、范围、风貌特征、保护原则、实施建议等；分则就不同类型的控制要素做出现状分析、规划控制及设计引导，其中包含功能业态、街道空间、建筑、围墙、绿化与景观、铺地、道路交通、广告与告示牌及各类店招

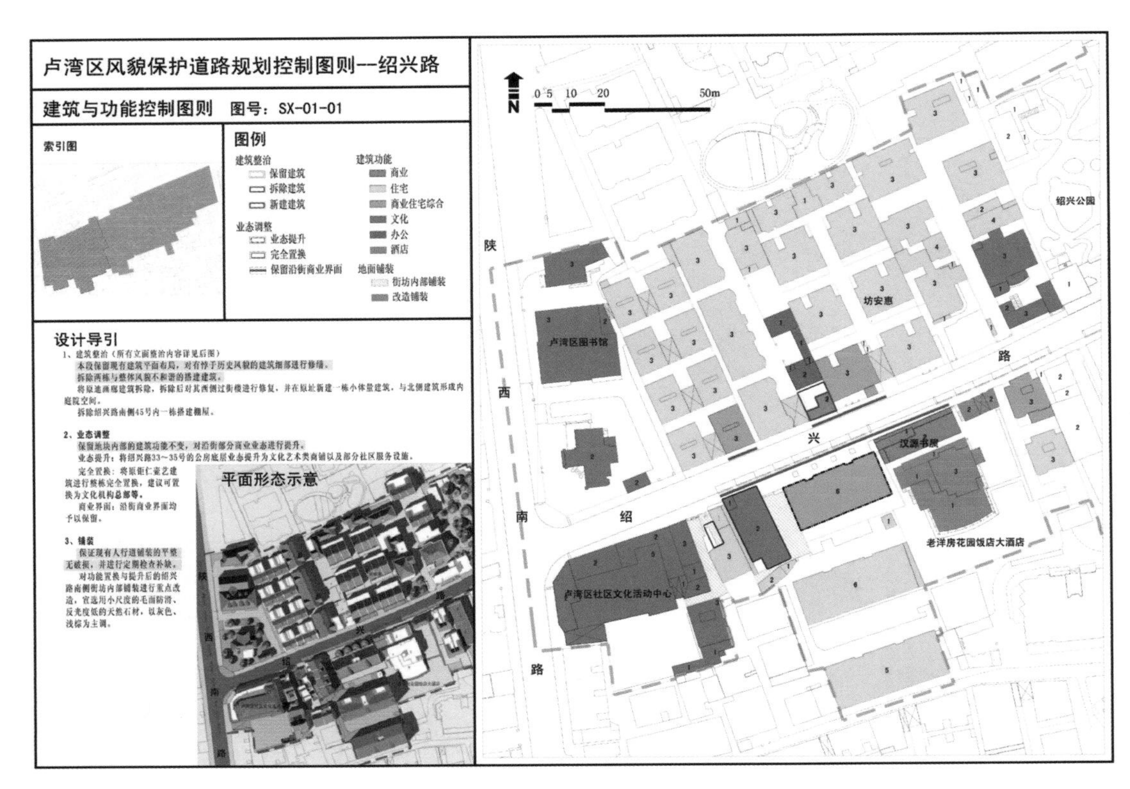

图 5-20　绍兴路控制图则——建筑与功能控制图则

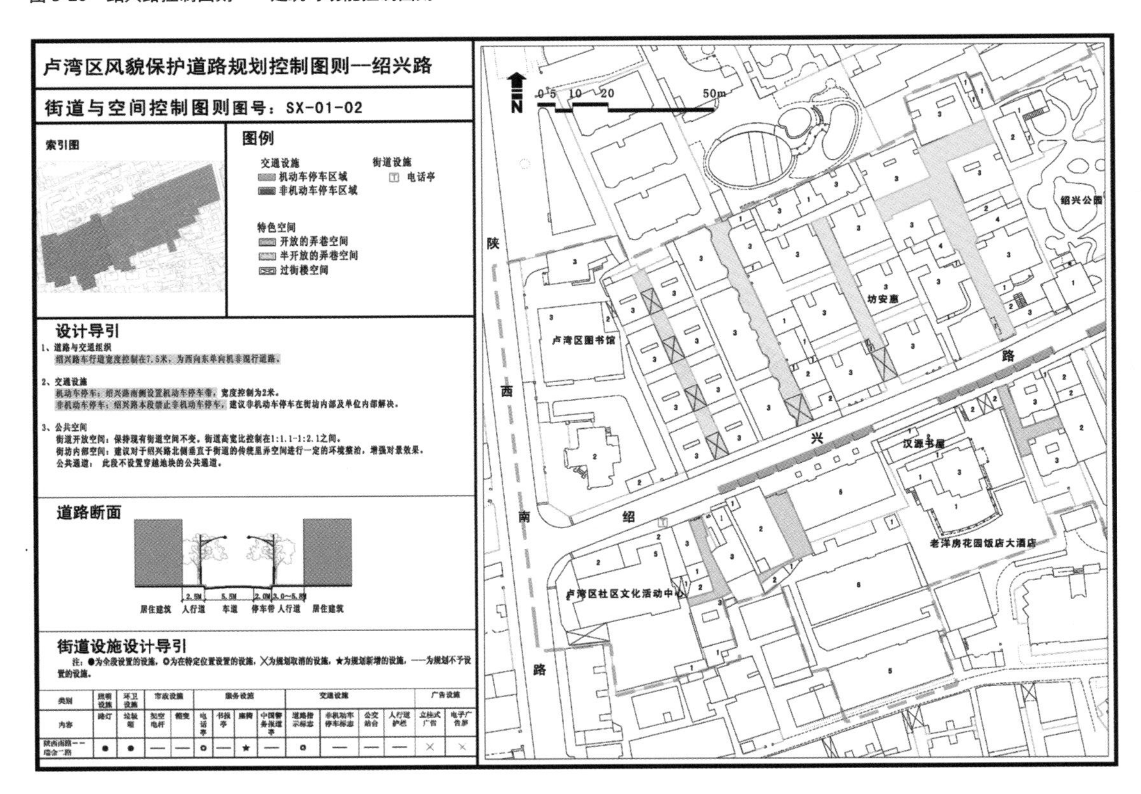

类别	照明设施	环卫设施	市政设施		服务设施				交通设施				广告设施	
内容	路灯	垃圾箱	架空电杆	箱变	电话亭	书报亭	座椅	中国警务报道亭	道路指示标志	非机动车停车标志	公交站台	人行道护栏	立柱式广告	电子广告屏
陕西南路——瑞金二路	●	●	—	—	○	—	★	—	○	—	—	—	×	×

图 5-21　绍兴路控制图则——街道与空间控制图则

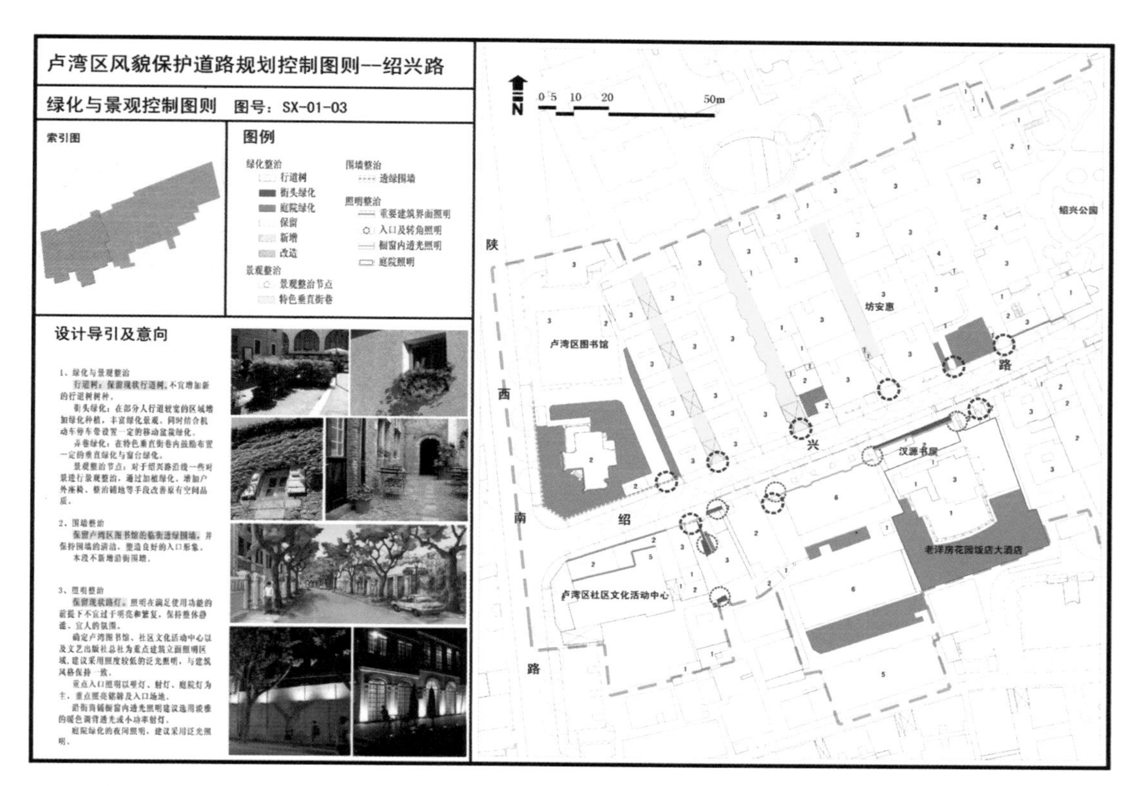

图 5-22 绍兴路控制图则——绿化与景观控制图则

与铭牌、市政管线与设备、照明、街道家具及雕塑几类。此外还包括了重要结点的意向性设计以及近期整治的内容。第三部分管理控制图则中，每个分块分别包含三张图则：建筑与功能控制图则、街道与空间控制图则、绿化与景观控制图则，分别对于街道、空间、建筑、绿化、广告店招、地面铺装、街道设施、照明等控制要素做出控制及引导。

在规划中对于近期整治内容的考虑重点集中在以下几个方面：全路段市政设施和公共环境的整体改善，使全路段环境质量有较明显的优化；重塑街道空间结点、沿线小型可停留性开放空间和半公共空间；通过针对具体地块或建筑的整治项目为今后风貌道路整治起范例作用。

（本案例资料来源：上海市城市规划设计研究院）

第五节 岳阳路

1. 规划背景

2005 年 11 月由上海市人民政府批准的《上海市历史文化风貌区保护规划》其中 64 条为一类风貌保护道路。由此上海市在城市规划管理方面逐步建立起相关保护体系，2007 年 9 月上海市人民政府对风貌保护道路的规划管理和相关建设活动提出明确的法规要求。根据相关的法律文件以及《岳阳路风貌保护道路保护规划》（城市设计及修建性详细规划）等上位规划，于 2015 年 6 月形成了《岳阳路历史风貌保护与品质提升规划实施方案》。

2. 历史概况及风貌特征

岳阳路又名祁齐路，位于衡山路—复兴路历史文化风貌区南段，为一类风貌保护道路，是近代上海法租界西区内历史最久远的城市道路之一。道路为南北走向，北起桃江路，南至肇嘉浜路；长 947 米，宽 15 米；线形流畅，行道树高大茂密、排列整齐，沿线两侧建筑以花园住宅为主，建筑和环境品质高，历史上有众多名人曾居住于此，有形和无形两方面的历史资源丰富。岳阳路共拥有历史建筑约 90 座，其中优秀历史建筑有 7 处，共计 36 座；保留历史建筑有 12 处，共计 34 座。

1）上海近代法租界高级花园住宅地区城市道路的典型

岳阳路正式辟筑于 1914 年，道路形式及沿线于 20 世纪 30 年代基本完成。作为上海近代法新租界花园住宅地区的代表性路段，岳阳路在街道线形、空间尺度、沿线建筑、绿化、街道界面和文化特征等方面具有法租界高级住宅地区城市道路的共性特征，体现了上海近代高级住宅地区的建筑、环境、人文和城市空间品质。首先，道路直线延伸，道路红线宽度规整划一，街道空间尺度宜人；其次，法租界花园住宅地区道路绿化率高，以梧桐行道树为主，是街道风貌中最重要的景观元素；再次，道路沿线建筑以花园住宅和公寓为主，风格多样，各有特色，建筑整体品质高；最后，由于居住人口和建筑密度低，整体环境安静优雅。

2）在街道景观和街道空间方面，与所在的特色区域融为一体

岳阳路与桃江路（东平路）、永嘉路、建国西路相交，所关涉的地区内风貌保护道路呈网格状密集，形成一个与西侧衡山路沿线风貌呼应的、以高品质的花园住宅和公寓为主的特色区域。岳阳路作为最早辟筑的法新租界越界道路，北向联通熟路，成为当时的公共租界与肇嘉浜南的枫林路医院南北联系的主要历史通道，因此岳阳路南段沿肇嘉浜路的一段城市空间，成为肇嘉浜路沿线最富有近代优秀历史空间风貌特征的路段。

3）普希金广场作为重要的上海城市景观地标

普希金广场及其环周相交的三条道路，构成上海近代历史街区独有的风貌特征，它包含的历史文化价值，使其成为具有城市意义的景观地标空间。

4）与近代时期相比，现状街道空间层次更丰富

由于街道空间结构的变化，在多户居住的花园住宅或多层住宅地块的出入口（弄口）处形成了半公共空间，并且在道路交叉口由于新建建筑退界或道路转弯半径扩大，形成了道路沿线小型公共空间。在与其他风貌道路的交叉点所形成的结点空间，是体现所在区域风貌品质和景观丰富性的最佳部位。而且位于街坊转角部位的建筑，尤其是近代公寓建筑，往往采取突出转角的建筑处理方式，因而在道路交叉口部位的街道景观比标准段部位往往更具有特色，并且各个交叉口特色各异。

5）西式风格建筑特色显著

岳阳路历史风貌街区道路在街区中呈现着不同的形象，西式风格的设计将建筑的外在特色形式与功能使用表现得个性十足，是整体风格风貌统一协调性的完美体现，在街区风貌的完整性中具有重要价值。其风格的外延通过建筑的立面、围墙、花园给街道提供了丰富的环境景观特色资源。

3. 上位规划内容

《岳阳路风貌保护道路保护规划》（城市设计及修建性详细规划）对于岳阳路的功能定位为：

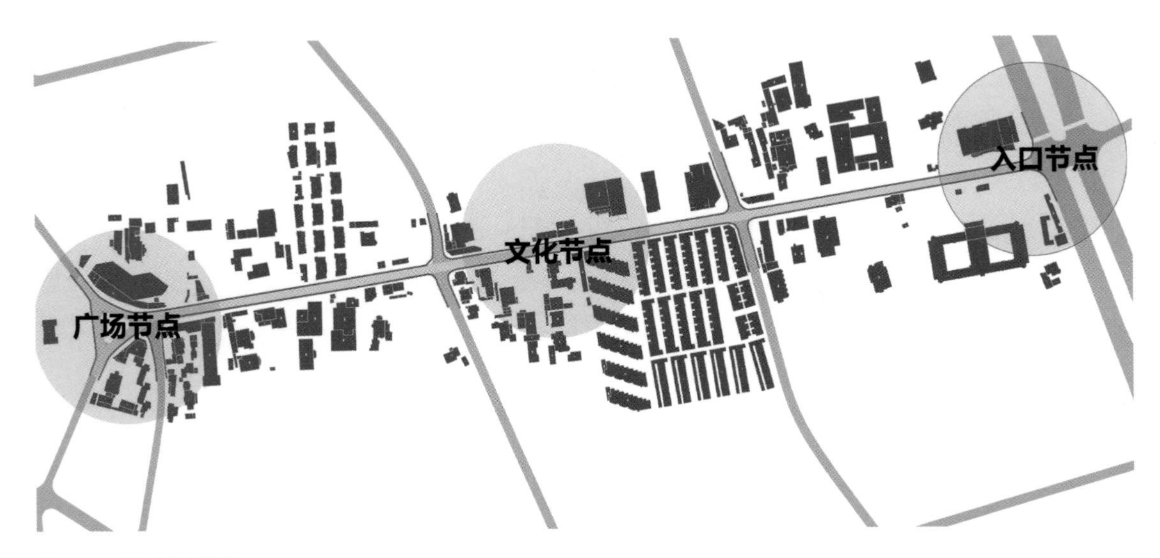

图 5-23　岳阳路规划框架

1）沿线以高档居住功能为主体

岳阳路及周边街区是上海近代法租界的高级独立式花园住宅区，这种功能定位决定了这一地区的建筑风格特征、城市空间尺度特征、安静优雅且不受商业氛围干扰的环境品质，进而产生丰富的人文和历史底蕴。由此，必须保持和延续岳阳路的高级居住区功能，其他辅助功能须以此为基础。

2）在少数限定地块兼有文化和特色商业功能

岳阳路沿线在近代时期曾驻有中国著名的科研和文化机构，并与许多近现代文化名人和文学作品由密切关系，应在限定地块内设置体现历史底蕴的文化设施和相关特色商业功能。

3）保持和延续高级办公功能

岳阳路沿线的部分近代花园住宅或公寓，自 1930 年代以来，曾经或现状作为一些重要机构和公司的办公场所，由于这类机构或公司的特殊性、重要性和办公人数较少等因素，几乎所有这类机构或公司都不对外挂牌。因此，容纳办公功能的近代建筑从外观看，完全与岳阳路沿线的高级居住区氛围融为一体。这是岳阳路沿线在功能方面的一个历史特征，应保持和延续。

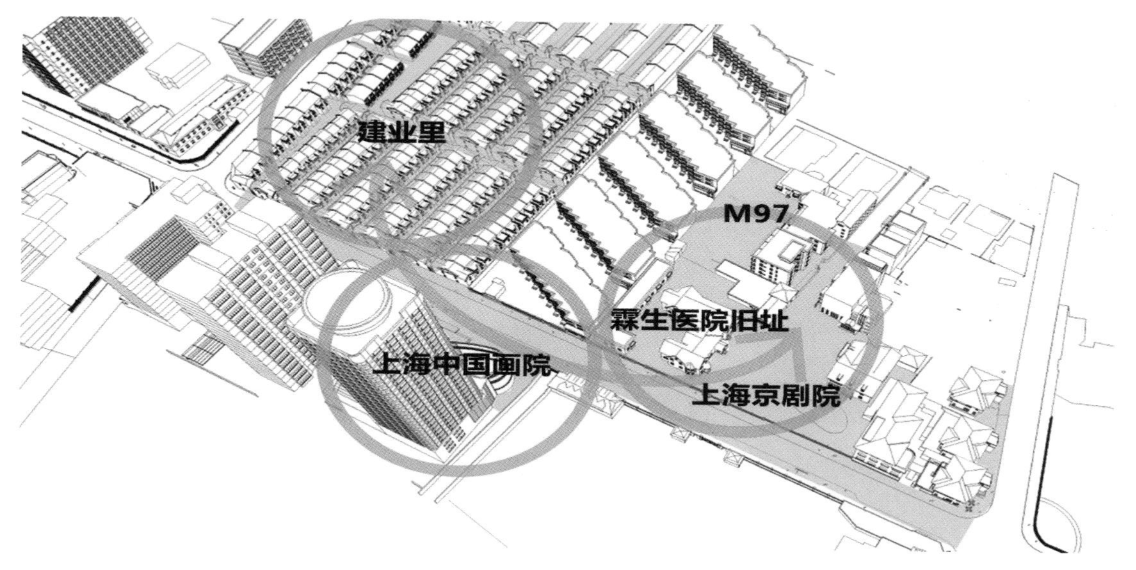

图 5-24　岳阳路文化结点策略

4. 风貌保护与品质提升

1）工作路径

通过对岳阳路全界面、多周期、全要素的地毯式调研，对现状问题进行分类、梳理、总结，以问题为导向，并结合上位规划文件，提出了街道环境十二要素控制导则（店招店牌、沿街建筑立面、拆违停偿居改非的应急措施、围墙、出入口、人行道铺装、非机动车停车、市政盖板等地面设施、沿街绿化、外露管线设备、街道家具以及街道照明），并针对各要素内容提出适宜的解决方案，并形成对应的设计细则以及管理控制导则，制订出近期—远期分步实施策略与发展计划，建立起从设计方案到实施、到管理的精细化机制。

2）规划框架

结合岳阳路现状的情况，依据上位规划的要求，对岳阳路确定了“三点、两线、一面”的规划框架。其中，三点即入口结点（肇嘉浜路岳阳路口：呈现科学人文氛围）、文化结点（建国西路到永嘉路：体现文化艺术气息）、广场结点（普希金广场：呈现街区风貌）；两线即地面（包括铺地、树池、街道家具、只能表示

图 5-25　岳阳路永嘉路转角好德便利店整治前后

图 5-26　岳阳路 48 号整治前后

图 5-27　岳阳路永嘉路转角围墙整治前后

系统等）和墙面（围墙和沿街建筑立面）；“一面”及岳阳路及其相邻历史片区（与永嘉庭、太原别墅等周边资源联动发展）。

3）规划目标

结合具体研究设计和策略机制，并通过对岳阳路历史人文的挖掘，街区风貌的保护，景观环境的提升，以及功能活力的激发，用 3 ～ 5 年时间逐步实现将岳阳路打造成高品质的慢生活文化艺术街区的总体目标。

4）景观提升策略

（1）总体策略

减：对影响岳阳路风貌的部分设施或局部景观进行移除和规整，恢复简洁典雅的街道环境；

增：通过增加景观绿化或设施对影响历史风貌道路优雅气息的部分进行遮挡；增加部分街道家具，提供驻足休憩空间；

改：依据实施情况进行适当的空间改造。

（2）十二项导则

店铺店招：与街区风貌不符的店招、广告位及各类铭牌重新规划其位置、大小和色彩，避免使用过于轻快和鲜艳的色彩。

沿街建筑立面：建立日常监管机制，避免对沿街立面的色彩随意调整；立面的色彩与周边整体协调，以暖色调为主。

围墙：围墙不变增加绿化；围墙不变增加枪篱；围墙不变清

理绿化；围墙不变加以维护；局部拆除降低围墙。

拆违、停偿、居改非的应急措施：拆除影响风貌的乱搭乱建。

出入口：出入口铁门样式、材质、色彩和细部应当与所附属的建筑风格相协调。

人行道铺装：遵循现状铺装风格、优化细节设计，提升整体品质。

非机动车停车：与道路整体铺装情况协同，精细化设计与铺砌。

市政盖板等地面设施：与道路整体铺装情况协同，可结合街区文化设计为具有独特风貌特征的样式。

沿街绿化：保留现有街道树木，重点保护沿线古树名木，整体应简洁明快且具有观赏性。

外露管线设备：对建筑立面外露管线和设备进行规整，局部采用与墙体相近色彩的格栅进行遮挡；对沿街设备进行风貌化设计。

街道家具：与整体风貌氛围协调，进行系统化设计。

街道照明：与整体风貌氛围协调，进行系统化设计。

5）实施策略

（1）景观上采用微设计微行动的思路方法；

（2）重要结点上采用近中远相结合，分阶段实施；

（3）管理机制上引导和监管并举。

（本案例资料来源：上海交通大学城市更新 · 保护 · 创新国际研究中心、上海安墨吉建筑规划设计有限公司）

结语

近年来，“城市微更新”成为学界和媒体议论的焦点。这是一种直面城市微观尺度的种种症结，倡导针灸式疗法和介入式行动，偏重“自下而上”的城市更新模式。其实践的对象主要是对“有机更新”需求最为迫切的城市历史街区，以及与社会日常生活关系最为密切的城市基层社区。它强调政府管理部门放下过去高高在上的主宰者姿态，扮演服务者的角色，专注于平台搭建；规划师脱去专业精英的华丽外衣，化身为上通下达的协调者，将关注的对象从抽象量化的指标规范转向现实世界中鲜活的个体需求；城市居民或使用者则摆脱过去被动消极的客体化属性，转变为积极主动的参与者，为改变自身的生活环境出谋划策、亲力亲为；开发商或投资者也改变唯利是图的面目，开始兼顾项目的社会利益和长期影响。这与其说是一种规划设计的专业实践活动，还不如说是一种多主体协同改造微观建成环境，进而调和社会不同利益攸关方相互关系的机制建构行动。因此，“城市微更新”的出现正是既有的规划设计实践模式顺应时代趋势向“精细化”方向转型的表现形式之一。

不过，尽管“微更新”为我们提供了一种有效的城市有机更新路径，但由于其实践基本以单个项目为单位，呈点状分布，如何确保这些不同的“微更新”与城市空间在整体上保持良好的关系，如何管控那些虽不属于“微更新”范畴但却日益活跃、层出不穷的小尺度空间环境改造行为，成为另一个亟待解决的问题。这也导向了本书的研究方向与相关成果。与“微更新”不同，我们这里探讨的“精细化”更侧重对既有的“自上而下”规划体系的改造与革新，解决如何在法定规划的基础上发展新的规划技术模式，与现实的精细化规划与建设管理需求精确对接，确保城市空间品质的稳步提升，由此形成一套以街道空间为载体、聚焦人行场所建构、基于多部门协同管理的全要素精细化规划体系。

让我们在这里再回顾一下这一体系的三个重要特点：

一是要素化，即涵盖街道空间的全部建成环境要素，分级分类建立精细化分析模型，为量化指标无法顾及的内容制定定性的、细化的控制导则；

二是创建了“总则一通则一分册”的规划技术框架，架构了一整套从总体原则到控制导则、再到具体实施的全新精细化规划技术模式，突破了旧有空间规划无法统协普遍性与多样性的不足；

三是创造性地设计了在“总规划师”制度下，由基础信息库和规划信息库共同构成的多元协同规划管理平台，解决了多元主体规划决策情境下思想不统一、信息不对称、依据不充分的困境。

近年来，该规划体系在上海的徐汇和长宁等区进行了推广，已取得显著成效，但也仍有不少需要进一步提高与优化的地方。比如在规划过程中，如何建立更广泛的公众参与机制；协同规划管理平台如何能进一步利用最新的大数据和智联网技术等。目前，对基于有机更新目标的城市精细化规划理论与方法的建构仍处于起步阶段，还有大量的研究与实践工作等待广大学者与业界人士去深入开展。期冀本书能够抛砖引玉，为迈向一种基于有机更新目标的城市规划的宏伟愿景贡献绵薄之力。

这份研究成果是对过去十余年研究和探索性实践工作的一次总结，既是研究机构的长期积累，也体现了上海城市规划走向精细化和规划自身转型发展的探索历程。这些长期研究工作得到了众多单位和个人的无私支持，他们的经验、智慧与热情是推动本书逐步完成的重要动力。首先要感谢上海市规划和国土资源管理局（现上海市规划和自然资源局）和上海市徐汇区规划和土地管理局提供了具有时代意义和学术挑战性的现实命题和探索性课题，感谢关也彤、王林、朱婷和王潇等同志长期对本研究的支持与协助。特别感谢周鸣浩、侯斌超、刘刚、张晨杰、赵璐和魏嘉等主要研究人员，他们在专项研究或重要问题上开展的研究工作对本书成果具有重要支撑作用；也感谢王瑾瑾、花静、邓琳爽、林恺怡、桂薇琳、潘礼元、王鹏凯、杨喆雨等参与研究人员，他们在与本成果相关的一系列研究和探索性规划设计项目中发挥了重要作用。还要特别感谢上海市城市规划设计研究院、上海同济城市规划设计研究院、同济大学建筑设计研究院（集团）有限公司、同济大学建筑与城市空间研究所、上海交通大学城市更新 · 保护 · 创新国际研究中心、上海安墨吉建筑规划设计有限公司，以及王伟强和奚文沁等专家为本书第五章案例提供了大量资料。感谢同济大学出版社江岱副总编，她在 15 年前就开始关注这一研究工作的进展和阶段性成果，为促成研究成果的出版发挥了重要作用。

参考文献

[1] 罗竹风 . 汉语大词典：第三卷下 [M]. 上海：汉语大词典出版社，1989.

[2] 中国大百科全书总编辑委员会本卷编辑委员会 . 中国大百科全书：建筑 · 园林 · 城市规划卷 [M]. 北京：中国大百科全书出版社，1988.

[3] 芒福汀 . 街道与广场 [M]. 张永刚，陆卫东，译 . 北京：中国建筑工业出版社，2004.

[4] 张仲礼 . 近代上海城市研究 [M]. 上海：上海人民出版社，1990.

[5] 蒯世勋，徐公肃，邱瑾璋，等 . 上海公共租界史稿 [M]. 上海：上海人民出版社，1980.

[6] 卜舫济 . 上海租界略史 [M]. 岑德彰，编译 . 上海：上海勤业印刷所，1931.

[7] 柯蒂埃 . 18 世纪法国视野里的中国 [M]. 唐玉清，译 . 上海：上海书店出版社，2010.

[8] 杨文渊 . 上海公路史：第一册　近代公路 [M]. 上海：上海交通出版社，1989：24,25.

[9] 梅朋，傅立德 . 上海法租界史 [M]. 倪静兰，译 . 上海：上海社会科学院出版社，2007.

[10] 上海图书馆 . 老上海风情录（二）：交通揽胜卷 [M]. 上海：上海文化出版社，1998.

[11] 秦荣光 . 上海县竹枝词 [M]. 上海：上海古籍出版社，1989.

[12] 熊月之 . 上海通史 [M]. 上海：上海人民出版社，1999.

[13] 贾彩彦 . 近代上海城市土地管理思想（1843—1949）[M]. 上海：复旦大学出版社，2007.

[14] 上海通社 . 旧上海史料汇编 [M]. 北京：北京图书馆出版社，1998.

[15] 上海市城市规划管理局 . 上海城市规划管理实践——科学发展观统领下的城市规划管理探索 [M]. 北京：中国建筑工程出版社，2007.

[16] 王铁崖 . 中外旧约章汇编 [M]. 北京：生活 · 读书 · 新知三联书店，1957.

[17] 上海市档案馆 . 工部局董事会会议录 [M]. 上海：上海古籍出版社，2001.

[18] 白吉尔 . 上海史：走向现代之路 [M]. 王菊，赵念国，译 . 上海：上海社会科学院出版社，2005.

[19] 刘子扬 . 清代地方官制考 [M]. 北京：紫禁城出版社，1988.

[20] 裘昔司 . 晚清上海史 [M]. 孙川华，译 . 上海：上海社会科学院出版社，2012.

[21] 陈炎林 . 上海地产大全 [M]. 上海：上海地产研究所，1933.

[22] 上海建设编纂委员会 . 上海建设 [M]. 上海：世界书局，1931.

[23] 长宁区志编纂委员会 . 长宁区志 [M]. 上海：上海社会科学出版社，1999.

[24]《卢湾区志（1994—2003）》编纂委员会 . 卢湾区志（1994—2003）[M]. 上海：上海人民出版社，2008.

[25] 张鹏 . 都市形态的历史根基：上海公共租界市政发展与都市变迁研究 [M]. 上海：同济大学出版社，2008.

[26] 孙倩 . 上海近代城市公共管理制度与空间建设 [M]. 南京：东南大学出版社，2009.

[27] 上海文献汇编编委会 . 上海文献汇编：建筑卷六 [M]. 天津：天津古籍出版社，2014.

[28] Kostof S. *The City Shaped: Urban Patterns and Meanings through History*[M]. London: Thames & Hudson Ltd, 1991.

[29] Kostof S. *The City Assembled: The Elements of Urban Form Through History*[M]. London: Thames & Hudson Ltd, 1992.

[30] Rykwert J. The Street: The Use of Its History[M]// Anderson S. *On Streets*. Cambridge, MA.: The MIT Press, 1978.

[31] Appleyard D, Gerson M S, Lintell M. *Livable Streets*[M]. Oakland, CA.: University of California Press, 1981.

[32] Marshall S. *Streets and Patterns: The Structure of Urban Geometry*[M]. London: Taylor & Francis Group, 2005.

[33] Lynch K. *Good City Form* [M]. Cambridge, MA.: The MIT Press, 1984.

[34] Jacobs A B. *Great Streets* [M]. Cambridge MA: The MIT Press, 1995.
[35] Moughtin J C. *Urban Design: Street and Square*[M]. London: Routledge, 2003.
[36] Richard C W. *Some Pages in the History of Shanghai, 1842-1856: A Paper Read Before the China Society on May 23, 1916*[M]. Miami FL.: HardPress Publishing,2013.
[37] 金可武 . 里弄五题 [D]. 上海：同济大学，2002.
[38] 刘刚 . 上海前法新租界的城市形式 [D]. 上海：同济大学，2009.
[39] 王方 . 外滩原英领馆街区及其建筑的时空变迁研究（1843-1937）[D]. 上海：同济大学，2007.
[40] 陈薇，王承慧，吴晓 . 道路遗产与历史城市保护——以南京为例 [J]. 建筑与文化，2009(5)：22-25.
[41] 魏枢 . 日占时期的上海都市计画 [J]. 城市规划学刊，2010(4)：111-119.
[42] 陈琍 . 上海道契所保存的历史记忆——以《上海道契》英册 1-300 号道契为例 [J]. 史林，2007(2)：137-149，191.
[43] 钱宗灏 . 上海近代城市规划的雏形（1845-1864）[J]. 城市规划学刊，2007(1)：107-110.
[44] 袁燮铭 . 工部局与上海早期路政 [J]. 上海社会科学院学术季刊，1988(4)：77-85.
[45] 杨天 . 外滩变形记 [J]. 瞭望东方周刊，2010(6).
[46] 郑健吾 . 历史的功绩——记上海市外滩防汛墙外移综合改造工程 [J]. 上海水利，1995(1)：16-20.
[47] 沈永林 . 坚持不懈，整治顽疾——上海集中力量解决历史遗留环境问题 [J]. 中国环境报，2009(9).
[48] 吴必虎 . 上海率先提出发展都市旅游业促进走向国际化都市——'95 中国 · 上海黄浦旅游节“都市旅游”国际研讨会纪实 [J]. 人文地理，1996(1)：80.
[49] 郑时龄，齐慧峰，王伟强 . 城市空间功能的提升与拓展——南京东路步行街改造背景研究 [J]. 城市规划汇刊，2000(1)：13-19，79.
[50] 郑时龄，王伟强 . “以人为本”的设计——上海南京东路步行街城市设计的探索 [J]. 时代建筑，1999(2)：46-50.
[51] 姜开城 . 阿卡多 · 上海音乐厅 · 延安路高架 [J]. 城市道桥与防洪，2011(9)：282-283.
[52] 刘本端 . 让高雅、繁华洒向淮海路 [J]. 上海建设科技，1994(1)：7-9.
[53] 孙施文，董轶群 . 偏离与错置——上海多伦路文化休闲步行街的规划评论 [J]. 城市规划，2008(12)：68-78.
[54] 重塑城市公共客厅——上海外滩滨水区综合改造工程 [J]. 风景园林，2010(6)：60-65.
[55] 吴威，奚文沁，奚东帆 . 让空间回归市民——上海外滩滨水区景观改造设计 [J]. 中国园林》，2011(7)：22-25.
[56] 杨宇振 . 权力，资本与空间：中国城市化 1908-2008 年——写在《城镇乡地方自治章程》颁布百年 [J]. 城市规划学刊，2009(1)：62-73.
[57] 侯斌超，董一平 . 从“道路”回归“街道”[C]// 和谐人居环境的畅想和创造——2008 全国博士生学术会议（建筑 · 规划）论文集 . 北京：中国建筑工业出版社，2008：167-170.
[58] 1989 年市容整治概述 [M]//《上海文化年鉴》编辑部 . 上海文化年鉴 . 北京：中国大百科全书出版社，1990：23.
[59] 王方 . 上海近代公共租界道路建设中的征地活动 [C]// 全球视野下的中国建筑遗产：第四届中国建筑史学国际研讨会论文集 . 上海：同济大学，2007：226-231.
[60] 孙慧 . 试论上海公共租界的领事公堂 [M]// 上海市档案馆 . 租界里的上海 . 上海：上海社会科学院出版社，2003：215.
[61] 上海法租界公董局组织章程 [M]// 梅朋，傅立德 . 上海法租界史 . 倪静兰，译 . 上海：上海社会科学院出版社，2007：277-282.
[62] 国务院 . 国函〔1986〕145 号：国务院关于上海市城市总体规划方案的批复 [Z]. 1986-10-13.
[63] 上海公共租界工部局 . 1861 年度工部局年报 [Z]. 1861-12-20
[64] 南京市人大常委会 . 南京市历史文化名城保护条例 [Z]. 2010-08-13.

图片来源

图 1-1 19 世纪初上海县城图，孙平，《上海城市规划志》，上海社会科学院出版社，1999
图 1-2 1855 年、1866 年英租界核心区街道周边地块建设比较，侯斌超，2011
图 1-3 三代跑马场位置变迁图，上海文史研究馆，《旧上海的烟赌娼》，香港中原出版社，1990
图 1-4 历史照片外滩 1863（年），*Streets of Shanghai*
图 1-5 历史照片 1866 年南京路四川路以东路段，上海市历史博物馆，《走在历史的记忆里》，上海科学技术出版社，2000
图 1-6 1870 年的南京路，上海市历史博物馆，《走在历史的记忆里》，上海科学技术出版社，2000
图 1-7 1883 年的南京路，*Streets of Shanghai*
图 1-8 1880 年静安寺路街景，上海市历史博物馆，《走在历史的记忆里》，上海科学技术出版社，2000
图 1-9 1906 年南京路，路面铺筑，上海市历史博物馆，《走在历史的记忆里》，上海科学技术出版社，2000
图 1-10 1906 年南京路，上海市历史博物馆，《走在历史的记忆里》，上海科学技术出版社，2000
图 1-11 街道遭水淹，virtual Shanghai
图 1-12 公共租界分区的道路规划图（东区），上海市城市规划设计研究院，《循迹启新——上海城市规划演进》，同济大学出版社，2007
图 1-13 复兴新上海建设计划道路图，中国国家图书馆藏
图 1-14 街道作为边界示意图，侯斌超，2011
图 1-15 1921 年工部局的道路计划平面（局部），上海市档案馆资料
图 1-16 公共租界分区道路规划图（西区、中北区），上海市城市规划设计研究院，《循迹启新——上海城市规划演进》，同济大学出版社，2007
图 1-17 整顿及美化法租界计划，上海档案馆资料，U38-1-265
图 1-18 柱廊条例剖面分析图，上海档案馆资料，U38-1-1255
图 1-19 工部局（左）、公董局（右）徽章比较
图 1-20 方浜路拓宽征地示意图，上海市档案馆资料，Q205-1-86
图 2-1 外滩地区三次城市化：建筑与城市空间演变示意图，作者自绘
图 2-2 外滩地区“三河一界”示意图，作者自绘
图 2-3 河南路东西两侧建筑与城市空间氛围的比较，作者自绘
图 2-4 “四纵九横”道路格局，作者自绘
图 2-5 街坊组成模式，作者自绘
图 2-6 街坊组合方式示意图，作者自绘
图 2-7 建筑间距狭窄，作者自摄
图 2-8 街道、街坊与建筑（地块）的构成关系示意，作者自绘
图 2-9 街墙界面连续性示意图，作者自绘
图 2-10 外滩地区 11 条街道的高宽比，作者自绘
图 2-11 街角空间与建筑转角处理，作者自摄
图 2-12 建筑体量构成模式示意图，作者自绘
图 2-13 建筑立面构图关系线，作者自绘
图 2-14 建筑立面以“实”为主的虚实关系，作者自绘
图 2-15 历史建筑总量分析，作者自绘
图 2-16 三河一界历史界面留存情况，作者自绘
图 2-17 沿河南中路两侧建设模式分析，作者自绘
图 2-18 新黄浦集团实例分析，作者自绘
图 2-19 保护规划中的绿化与公共空间，作者自绘
图 2-20 街道空间比较，作者自绘
图 2-21 外滩中心、中国银行大楼与沙逊大楼体量构成模式和建筑指标的比较，作者自绘
图 2-22 按规划形成的各种建筑模式分析，作者自绘
图 2-23 历史上的地块分割情况及未来将合并的大地块，作者自绘
图 2-24 建筑综合体增加导致地区多样性减弱的示意图，作者自绘
图 2-25 1939 年法租界公董局《整顿和美化法租界计划》的补充规定示意图，上海市档案馆
图 2-26 淮海中路—宝庆路—衡山路分段示意，作者自绘
图 2-27 淮海中路重庆南路至陕西南路路段街道剖面，作者自绘
图 2-28 淮海中路重庆南路至陕西南路路段典型街道空间轴测图，作者自绘
图 2-29 强调竖向线条的沿街立面，作者自摄
图 2-30 淮海中路陕西南路至常熟路路段街道剖面，作者自绘
图 2-31 淮海中路陕西南路至常熟路路段典型街道空间轴测图，作者自绘
图 2-32 宝庆路至衡山路路段街道剖面，作者自绘
图 2-33 宝庆路至衡山路路段典型街道空间轴测图，作者自绘
图 2-34 不同路段影响风貌的主要因素，作者自绘
图 2-35 衡山路与多条道路斜交形成交叉口空间，作者自绘
图 2-36 街巷网络示意，作者自绘
图 2-37 建筑密度示意，作者自绘
图 2-38 街道围合感强，作者自摄
图 2-39 典型里弄建筑空间形态，作者自绘
图 2-40 特有大宅空间形态，作者自绘
图 2-41 自建住宅空间形态，作者自绘
图 2-42 祥德路－山阴路－溧阳路街道空间肌理，作者自绘
图 2-43 典型街道空间轴测图，作者自绘
图 2-44 街道剖面的主要类型，作者自绘
图 3-1 上海市中心城 12 个历史文化风貌区分布图，上海市规划和自然资源局
图 3-2 上海市郊区 32 个历史文化风貌区分布图，上海市规划和自然资源局
图 3-3 90 年代的外滩防汛墙，上海市地方志办公室网，http：//www.shtong.gov.cnnode2index.html.
图 3-4 新华路镂空围墙，作者自摄
图 3-5 人行道铺装，作者自摄
图 3-6 可通行车辆路口铺地，作者自摄
图 3-7 “金带”上的绿化，作者自摄
图 3-8 华商纱布交易所旧址

图书在版编目（CIP）数据

历史街道精细化规划研究：上海城市有机更新的探索与实践 / 伍江，沙永杰著 . -- 上海：同济大学出版社，2019.3
ISBN 978-7-5608-4817-4

Ⅰ．①历… Ⅱ．①伍… ②沙… Ⅲ．①城市道路 – 城市规划 – 研究 – 上海 Ⅳ．① TU984.251

中国版本图书馆 CIP 数据核字（2019）第 040362 号

上海文化发展基金会图书出版基金资助项目

历史街道精细化规划研究——上海城市有机更新的探索与实践

伍　江　沙永杰　著

责任编辑　江　岱　　责任校对　徐春莲　　装帧设计　张　微

出版发行　同济大学出版社 www.tongjipress.com.cn
（地址：上海市四平路 1239 号　邮编：200092　电话：021-65985622）
经　　销　全国各地新华书店
印　　刷　上海安枫印务有限公司
开　　本　787mm×1 092mm　1/16
印　　张　13.5
印　　数　1—3 100
字　　数　337 000
版　　次　2019 年 3 月第 1 版　　2019 年 3 月第 1 次印刷
书　　号　ISBN 978-7-5608-4817-4
定　　价　99.00 元

本书若有印装问题，请向本社发行部调换